学术研究专著

InAs/AlSb 异质结型
射频场效应晶体管技术

关　赫　著

西北工业大学出版社

西　安

【内容简介】 本书共七章,主要内容包括绪论、InAs/AlSb 异质结外延材料特性及工艺、InAs/AlSb HEMTs 器件特性及工艺、InAs/AlSb MOS-HEMTs 基础研究、InAs/AlSb HEMTs 器件模型、InAs/AlSb HEMTs 低噪声放大器设计以及总结和展望。

本书可作为高等院校微电子、集成电路相关专业的专科生、本科生和研究生的辅助教材,也可供从事电子制造工作的人员阅读参考。

图书在版编目(CIP)数据

InAs/AlSb 异质结型射频场效应晶体管技术 / 关赫著
— 西安 :西北工业大学出版社,2022.8
ISBN 978-7-5612-8125-3

Ⅰ.①I… Ⅱ.①关… Ⅲ.①结型场效应晶体管
Ⅳ.①TN386.6

中国版本图书馆 CIP 数据核字(2022)第 065293 号

InAs/AlSb YIZHIJIEXING SHEPIN CHANGXIAOYING JINGTIGUAN JISHU

InAs/AlSb 异 质 结 型 射 频 场 效 应 晶 体 管 技 术
关赫 著

责任编辑:胡莉巾		策划编辑:杨 军	
责任校对:张 潼		装帧设计:李 飞	

出版发行:西北工业大学出版社
通信地址:西安市友谊西路 127 号　　　　邮编:710072
电　　话:(029)88491757,88493844
网　　址:www.nwpup.com
印 刷 者:兴平市博闻印务有限公司
开　　本:710 mm×1 000 mm　　　1/16
印　　张:12.75
字　　数:250 千字
版　　次:2022 年 8 月第 1 版　　　2022 年 8 月第 1 次印刷
书　　号:ISBN 978-7-5612-8125-3
定　　价:58.00 元

如有印装问题请与出版社联系调换

序　言

　　半导体高速微电子器件技术长期以来都处于半导体科技的发展前沿,无论是硅基半导体还是Ⅲ-Ⅴ族半导体,从实验室基础研究到制备工艺技术突破、再到形成战略科技产业,都经过了数十年的积淀才形成了目前的三代半导体技术与广泛的产业应用。半导体技术迭代速度不断加快的核心驱动力,一方面来自于应用端的需求驱动,另一方面是半导体材料体系自身的拓展创新。Ⅲ-Ⅴ族半导体高速微电子器件以高电子迁移率晶体管(High Electron Mobility Transistors, HEMTs)结构为典型代表,在 GaAs 基、InP 基、GaSb 基 HEMTs 器件中,GaSb 基 HEMTs 具有超越另外两类超高速载流子迁移率,在开发锑化物高速器件应用于超低功耗、超低噪声微波空间通信、雷达阵列、便携式通信、天文学射电,特别是在深空探测低噪声放大器(Low Noise Amplifier, LNA)等中具有突出的竞争力。

　　这本专门论述锑化物异质结场效应物理特性和高速微电子器件的著作,主要聚焦于 GaSb 基半导体 InAs/AlSb 异质结材料,详细论述了基于 GaSb 基异质结构建 HEMTs 器件结构的原理,介绍了 InAs/AlSb 异质结外延材料能带结构、散射机制等计算仿真、生长制备及特性表征原理和方法,利用该体系的超高电子迁移率和电子饱和漂移速度特性实现更高速、超低功耗、低噪声器件的特性分析;针对 InAs/AlSb HEMTs 结构进行了器件的碰撞离化效应、栅极漏电等机理和特性分析,还对锑化物材料的电学器件相关的制备工艺、设计模型、电路结构等方面进行了深入讨论;重点强调了锑化物高性能 InAs/AlSb HEMTs 器件优化设计、制造方法和应用方向,如设计下一代深空探测 LNA 芯片的思路等。该著作内容丰富,理论扎实,具有良好的创新性和实践性,对于从事相关研究方向的专业人员是一部不可多得的重要参考资料。

　　从下一代半导体材料技术总体发展趋势来看,除了新型超宽带隙氧化物半导体和低维材料,如 C 基半导体之外,源自于传统Ⅲ-Ⅴ族体系具有窄带隙Ⅰ、Ⅱ类能带结构和超高速电子迁移率优越特性的 GaSb 基半导体独具特色,它在高速微电子学器件、红外光电子器件、拓扑量子器件领域展现出丰富的内涵和发展前景。锑化物半导体的研发潮始于 20 世纪末,$6.1 \text{Å}(1\text{Å} = 10^{-10} \text{ m})$族锑基多元素半导体外延材料技术获得重要突破后,锑化物高速微电子器件、红外光电子器件不断获得进展,其中,锑化物超晶格光电探测器结构,易于利用能带工程精确调控量子阱和超晶格带隙,使其覆盖 $1 \sim 30 \mu\text{m}$ 的超宽谱红外区域,是下一代高性能、低成本、智能化红外光电探测器实现规模化制造的优势体系。锑化物量子阱激光器在 $2 \sim 4 \mu\text{m}$ 波段的电驱动发光效率最高,其单模与大功率激光器的性能领先于其他体系。基于锑化物Ⅰ、Ⅱ型能带异质结构,可以构建拓扑绝缘体量子结构,是量子拓扑物理研究不可或缺的经典半导体材料。此外,含锑元素的各类晶体还具有优良的热电和制冷效应,是长期以来热电制冷器件的重要研究方向。

随着锑化物半导体技术突破和应用领域的扩大,近年来国际上普遍将高性能锑化物材料和器件核心技术升格为限制出口级,锑化物半导体面临从实验研究跨入高科技产业和装备应用的重大机遇,目前智能化信息系统技术大量涌现,亟待发展小体积、轻重量、低功耗、低成本(low SWaP-C)器件技术,以这本聚焦锑化物半导体高速电子学材料和器件研究的著作为先导,伴随锑化物半导体低维材料、多功能光电子器件、拓扑量子效应物理与器件研究成果的丰富与积累,会有更多锑化物半导体的研究著作推陈出新,不断丰富新型半导体材料和器件技术的研究内涵,持续推动半导体技术迭代与进步。

中国科学院半导体研究所

2022 年 5 月

前　言

与传统Ⅲ-Ⅴ族半导体 GaAs(砷化镓)和 GaN(氮化镓)HEMTs (异质结场效应晶体管)器件相比,作为典型的锑基化合物半导体 (Antimonide Based Compound Semiconductors,ABCS)器件的 InAs/ AlSb 异质结型射频场效应晶体管(InAs/AlSb HEMTs)具备更高的电子迁移率和电子饱和漂移速度,在高速、低功耗、低噪声等应用方面拥有良好的发展前景。特别在深空探测方面,InAs/AlSb 高电子迁移率晶体管(HEMTs)作为深空探测的低噪声放大器(Low Noise Amplifier,LNA)的候选核心器件具有无可比拟的优势。

本书对 InAs/AlSb HEMTs 器件开展系统研究,主要在器件特性研究、制备工艺、模型建立、电路设计等方面进行较为深入的探讨。

本书详细介绍 InAs/AlSb 异质结外延材料的能带结构、散射机制等,并开展 InAs/AlSb 异质结外延材料特性仿真、生长制备及特性表征研究;开展 InAs/AlSb HEMTs 器件结构及工作机理分析,对器件碰撞离化效应和栅极漏电等特性进行研究;详细介绍传统肖特基 InAs/AlSb HEMTs 主要制备流程,对台面隔离、源漏欧姆接触、栅槽刻蚀、肖特基栅接触等主要工艺开展详细研究,并完成肖特基栅 InAs/AlSb HEMTs 器件的制备及特性研究;使用高 k(high $- k$) MOS 电容结构隔离栅替代传统肖特基栅,对 HfO_2/InAlAs MOS 隔离栅开展工艺研究及制备,完成隔离栅漏电机制分析,并对隔离栅 InAs/AlSb MOS-HEMTs 器件特性开展仿真研究;着重研究器件的碰撞离化效应抑制方法,揭示器件碰撞离化效应产生机理及其引入的器件性能退化机理,建立可准确表征碰撞离化效应的器件优化模型,提出基于"δ 掺杂 InAs/AlSb 双量子阱＋Si 掺杂 GaSb 背栅"器件优化结构的碰撞离化抑制方法,并完成仿真分析;开展 InAs/AlSb HEMTs 器件噪声理论分析,提出适用于 InAs/AlSb HEMTs 的小信号等效电路噪声模型,对模型参数提取方法进行详细阐述,并完成模型有效性验证;完成基于 InAs/AlSb HEMTs 器件的 Ku 波段低噪声放大器设计与仿真,仿真结果表明,在 12~18 GHz 的宽频带范围内,LNA 增益大于 20 dB,增益平坦度小于±0.4 dB,噪声系数小于 1.2 dB,输入输出反射系数小于—10 dB,性能指标良好。

综上所述,本书研究材料及器件物理机理、器件制备工艺、器件模型和电路设计,旨在探索高性能 InAs/AlSb HEMTs 器件优化设计、制造方法和应用方法。相关成果为 InAs/AlSb HEMTs 器件特性提升提供新方法和有效验证途径,为研发自主可控的下一代深空探测 LNA 芯片提供技术支撑和新思路。

本书所取得的研究成果离不开行业师友的大力支持和帮助。特别感谢中国科学院半导体研究所、西安电子科技大学、中电十三所、中国科学院苏州纳米技术与纳米仿生研究所、中国锑化物产业联盟等组织和单位给予的建议和指导!

由于水平有限,书中难免有不足之处,请广大读者批评指正。

著 者

2022 年 5 月

符号和缩略语表

符　号　表

符号	名称
A	理查森系数
N_i	本征载流子浓度
A^*	有效理查森系数
N_{ot}	边界陷阱密度
C	电容/F－P模型常量/直接隧穿的相关因子
N_a	外延层的掺杂浓度
N_c	电子有效状态密度
C_{ox}	氧化层的单位电容
N_v	空穴有效状态密度
C_i	界面陷阱的单位电容
N	理想因子
C_s	表面电容
n_{n0}	外延层的多子浓度
C_M	总的单位电容
n_{p0}	外延层的少子浓度
d	氧化层厚度
q	电荷量
D_{it}	界面态
Q_s	表面电荷
e	电子电量
Q_{it}	界面陷阱电量
E	电子所具有的能量
qV_B	费米能级的能级位置

符号	名称
E_b	氧化层中的电场强度
R_s	总的串联电阻
E_t	界面态能级
S	电极的面积
E_i	本征费米能级
T	热力学温度
E_g	禁带宽度
$T_{tunnelling}$	电子隧穿概率
ΔE_c	导带带偏
t_{ox}	介质层厚度
ΔE_v	价带带偏
$U(x)$	势阱高度
h	普朗克常量
V_t	热电压
I	电流值
V	电压
I_{TE}	热电子发射的电流
V_s	表面电势
I_s	反向饱和电流
V_g	栅上电压
J	电流密度
ΔV_{fb}	平带电压变化量
L_D	德拜长度
V_{ox}	氧化层上的电压
m_l	轻空穴有效质量
V_G	栅上电压
m_h	重空穴有效质量
V_{FB}	阈值电压
m_0	电子静止质量
V_b	势垒高度
m_p	空穴的有效质量
x_d	表面耗尽层宽度

符号	名称
m_n	电子有效质量
x	经典转折点
m^*	外延层材料的有效电子质量
k	介电常数
m_{ox}^*	氧化层电子隧穿的有效质量
k_B	玻尔兹曼常数
ϕ_{fp}	费米势
ϕ_B	势垒高度
φ_t	电子从陷阱中发射所需要越过的势垒高度
ε_s	外延层相对介电常数
ε_0	真空的介电常数
ε_r	氧化层相对介电常数
ε_{ox}	介质层的介电常数

缩略语表

英文简称	英文全称	中文名称
ALD	Atomic Layer Deposition	原子层淀积法
AFM	Atomic Force Microscope	原子力显微镜
C – V	Capacitor – Voltage	电容-电压
CET	Capacitance Equivalent Thickness	电容等效厚度
EOT	Equivalent Oxide Thickness	介质层等效厚度
F – N	Fowler – Nordheim	场致辅助隧穿模型
F – P	Frenkel – Poole	陷阱辅助发射模型
IL	Interface – Layer	界面层
HEMTs	High Electron Mobility Transistors	高电子迁移率晶体管
MOS	Metal Oxide Semiconductor	金属半导体氧化物
MBE	Molecular Beam Epitaxy	分子束外延
PDA	Post – Deposition Annealing	介质层淀积后的退火
RMS	Root Mean Square	均方根粗糙度
SSM	Small Signal Model	小信号模型
VBM	Valence Band Maximum	价带的最大值
XPS	X – ray Photoelectron Spectroscopy	X 射线电子能谱仪

目　　录

第一章 绪　　论

1.1　引　　言

锑化物半导体(Antimonide Based Compound Semiconductors,ABCS)特指由晶格常数在 0.61 nm 左右范围的Ⅲ-Ⅴ族元素组成的化合物半导体[3],InAs 为典型的锑化物半导体材料,室温电子迁移率高达 30 000 cm²/(V·s),其与另一种锑化物 AlSb 材料形成的异质结构具有 1.27 eV 的能差,可产生很高浓度的二维电子气密度。因此,以 InAs 为沟道层、AlSb 为势垒层的InAs/AlSb 高电子迁移率晶体管(HEMTs)器件具备超高电子迁移率和饱和电子速率,使器件具有高截止频率和良好的噪声性能[1,4]。此外,InAs/AlSb HEMTs 器件由于其 InAs 沟道材料窄带隙特性(InAs 禁带宽度仅有 0.35 eV),可在极低控制电压下工作,使器件具有极低功耗。基于此,InAs/AlSb HEMTs 在深空探测天基系统应用中具备显著优势[5-6],被视为下一代深空探测 LNA 芯片最为热门的候选核心器件(见图 1-1),其中欧洲航天局(European Space Agency,ESA)在 2020 年实现 InAs/AlSb HEMTs LNA 在 Ka 波段的深空探测系统设备中应用[7]。除此之外,InAs/AlSb HEMTs 器件在移动通信、雷达等其他需求高速、低噪声、低功耗射频芯片的领域上也具有广阔的应用前景[1,5]。

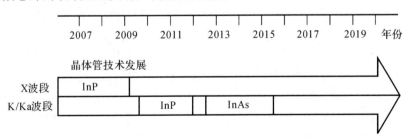

图 1-1　ESA 用于深空探测低温 LNA 应用材料发展动态[2]

由于锑化物半导体在红外、激光、微波等国防高科技领域应用价值重大且具有高度敏感性,锑化物半导体技术被欧美一些国家列为全产业链出口管控的半导体核心技术。我国十分重视该领域的研究,近年来在其物理理论及制备技术等方面投入了大量资源。目前,国内锑化物的研究成果主要集中在光电子研究领域[8,12],并已经实现产品初步商业化生产和装备,而在微电子射频领域的研究只在少数单位开展,相关报道有限[13,16]。因此开展锑化物半导体射频器件InAs/AlSb HEMTs 制备工艺、特性、模型和电路应用的研究具有非常重要的意义。

1.2 InAs/AlSb HEMTs 器件特点

1.2.1 InAs/AlS 材料特点

所谓锑化物半导体特指由Ⅲ族元素与Ⅴ族元素组成的化合物,其晶格常数一般在 0.61 nm 左右范围,因此被称作"0.61 nm Ⅲ-Ⅴ族材料"。如图 1-2 所示,InSb,GaSb,AlSb,InAs 等材料其晶格常数均在 0.6~0.64 nm 之间,为典型的 ABCS 材料。与传统的 SiC 和 GaAs 半导体材料相比,ABCS 材料的禁带宽度较窄,且其禁带宽度可以通过改变基本材料组合方式的方法在一定的范围内进行调节,除此之外,其具备较高的电子迁移率和电子速率,这些特点使其在超高速低功耗构件上具备广泛的应用前景。与此同时,ABCS 材料的异质结材料拥有十分丰富的能带结构,可以形成如Ⅰ型、Ⅱ类错位排列型和Ⅲ类破隙型结构。此三类不同对准类型异质结具有较小的晶格失配,如图 1-3 所示,这使其在高频异质结器件应用方面具备明显的优势。

InAs 的晶格常数为 0.605 nm 左右,是一种非常典型的 ABCS 材料。如表 1-1 所示,其电子迁移率为分别约为 GaAs 材料和 InP 材料的 3.5 倍和 5.6 倍,电子饱和漂移速度约为 GaAs 和 InP 材料的 4 倍,电子的有效质量约为 GaAs 和 InP 材料的 1/3,电子平均自由程为 GaAs 材料的 2 倍,且其禁带宽度非常窄,只有 0.36 eV,使其在较低的电压下拥有优良的电性能,因此 InAs 经常被用作高速 HEMT 的沟道材料。AlSb 材料与 InAs 材料晶格失配很小,两种材料的能带差约为 1.27 eV,可以形成很高的电子势垒,有利于深电子势阱的产生,使得 InAs 和 AlSb 形成的异质结构具备很高的二维电子气密度。因此以 AlSb 为势垒层、InAs 为沟道层的 InAs/AlSb HEMTs 器件具备非常优异的物理性能,如高截止频率、极低功耗和良好的噪声性能等。

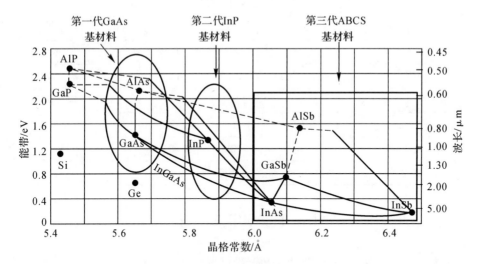

图 1-2 各种半导体材料的晶格常数,禁带宽度以及波长[3]

注:1 Å = 10^{-10} m。

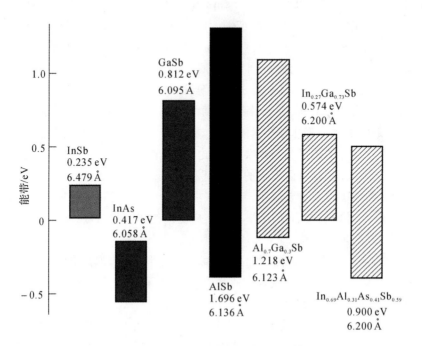

图 1-3 各种半导体材料的能带图[3]

表 1-1　*T*=300 K 下 半导体材料参数

材料参数	单位或衡量标准	Si	GaAs	InP	InAs
禁带宽度	eV	1.12	1.42	1.35	0.36
电子迁移率	$cm^2/(V \cdot s)$	1 500	8 500	5 400	30 000
电子饱和漂移速度	$10^7\,cm/s$	1	1	1	4
电子静止质量	m_0	0.19	0.067	0.077	0.024
电子平均自由程	nm	28	80	—	194
热导率	$W/(cm \cdot K)$	1.5	0.5	0.7	0.27

1.2.2　InAs/AlSb HEMT 器件特点

为了进一步满足高速、低功耗和低噪声器件性能的要求,新型器件结构应运而生,发展了从 MOS 器件到 HEMT 器件和 MOSHEMT 等结构。

早在 1951 年,A. I. Gubanov[17]就异质结进行了理论上的分析,但由于其生长技术困难,直到 1960 年 R. L. Anderson[18]才第一次制造出高质量的异质结,并提出更为详细的理论模型与能带图。20 世纪 70 年代,随着液相外延(Liquid Phase Epitaxy,LPE)、气相外延(Vapour Phase Epitaxy,VPE)和分子束外延(MBE)等材料生长技术的陆续出现,异质结的工艺技术取得巨大进步,这促进了异质结的快速发展。尤其是分子束外延法,不仅能生长出很完整的异质结界面,而且对异质结的组分、掺杂、各层厚度都能在原子量级的范围内进行精确控制[4]。正是由于分子束外延技术的发展,能够人工生长出界面非常完整的半导体异质结,随后又实现了调制掺杂结构,电子在运输过程中所受的电离施主杂质的散射作用大大减弱,从而沟道的电子迁移率提高。这类结构已经在半导体微波、毫米波器件中得到重要应用,其中最主要的一种就是高电子迁移率晶体管,即 HEMTs 器件。目前,HEMTs 器件已广泛应用于卫星接收、雷达系统以及其他各种微波/毫米波系统。

InAs/AlSb HEMTs 器件结构凭借载流子迁移率高,饱和漂移速度高,临界饱和电场低,抗辐射性能强及具有速度快、功耗低和噪声低等优势获得青睐。其常用的结构如图 1-4 所示。

InAs/AlSb HEMTs 为典型的 2DEG 基器件,其电学特性对工作温度非常敏感[4]。在很低的环境温度下,InAs 沟道的电子迁移率提高显著,使得 InAs/AlSb HEMTs 器件的工作速度大幅提高,使其更加适用于超高速电路的应用场景。同时在低温环境下其可以正常工作的偏置电压可以远低于常温环境下的电压值,这使得 InAs/AlSb HEMTs 器件的功耗显著降低,使其更加适用于低功耗电路的应用。另外,根据热噪声理论,在低温环境下器件的噪声性能将得到显著的提升,这使得 InAs/AlSb HEMTs 器件在低温低噪声放大器的应用上具备天然的优势[21,24]。

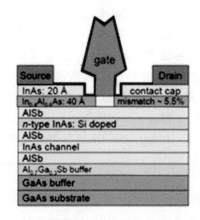

图 1-4　InAs/Alsb HEMTs 器件结构图

1.3　InAs/AlSb HEMTs 射频器件研究状况

1.3.1　国外研究状况

自从 1987 年第一支 InAs/AlSb HEMTs 晶体管诞生以来,到现在已经有 30 多年的发展历史。1987 年,G. Tuttle 领导的 Santa Barbara group 报道了世界上第一支 InAs/AlSb 晶体管[25],但由于器件制备工艺不成熟,当时仅仅是一个理论上的推断。1990 年,G. Tuttle 成功生长出了具有高电子迁移率的 InAs/AlSb 量子阱[26]。1991 年,P. F. Hopkins 等人在低温下观察到背景掺杂下的 InAs/AlSb 单量子阱结构的电子迁移率高达 30 000 $cm^2/(V \cdot s)$[27],这一发现开启了 InAs/AlSb HEMTs 器件研究的热潮。1993 年,C. R. Bolognesi 制备出了具备稳定的直流(Direct Current,DC)和射频(Radio Frequency,RF)性能的 InAs/AlSb HEMTs 晶体管,该晶体管的 AlSb 势垒层采用 Te 作为掺杂[28]。1998 年,C. R. Bolognesi 提出改用 Si 掺杂的 InAs 层作为调制掺杂层以改善二维电子气浓度低等问题[29]。进入 21 世纪后,更多科技工作者把目光聚焦在了 InAs/AlSb HEMTs 晶体管高速、低功耗、低噪声的优良性能上,对其研究迎来了新一轮热潮。2001—2005 年期间,美国国防部高级研究计划局(Defense Advanced Research Program Agency,DARPA)开展了为期四年的锑化物半导体研究计划,取得了很多实质性进展,并推动了研究浪潮。2006 年,欧洲航天局着手开展 InAs/AlSb HEMTs 器件研究,欲将 InAs/AlSb HEMTs 用于深空探测接收机的 LNA 中[2],在此浪潮的推动下,InAs/AlSb HEMTs 得到了更多的重视,从而科学家开展了更加专业的研究。目前,InAs/AlSb 外延材料生长、HEMTs 结构及制备工艺研究、器件模型研究、LNA 电路设计等方面均得到了快速的发展。到 2012 年,已有性能良好的低温 LNA 问世[24]。InAs/AlSb HEMTs 在国外的具体发展如表 1-2 所示。

表 1-2　InAs/AlSb HEMTs 器件发展经过

年份	研究者	研究成果
1987	G. Tuttle 领导的 Santa Barbara group	第一个 InAs/AlSb HEMTs 晶体管诞生[25]
1990	G. Tuttle 领导的 Santa Barbara group	生长出了具备高电子迁移率的 InAs/AlSb 量子阱结构[26]
1993	Bolognesi 博士	制备出具备稳定的直流和射频性能 InAs/AlSb HEMTs 晶体管[29]
2001—2005	美国国防部高级研究计划局	开展了锑化物半导体研究计划
2006	欧洲航天局	开展了 InAs/AlSb HEMTs 晶体管低噪声放大器的预研项目,欲将 InAs/AlSb HEMTs 用于深空探测接收机的 LNA 中
2009	瑞典查尔姆斯理工大学 G. Moschetti 博士等人	完成栅长 110 nm InAs/AlSb HEMTs 器件制备,其在 30 K 低温下跨导为 1 280 ms/mm[21]
2012	瑞典查尔姆斯理工大学 G. Moschetti 博士等人	完成 InAs/AlSb HEMTs 低温下的射频测试,温度降到 6 K 时其截止频率 f_T 为 139 GHz[22]
2012	瑞典查尔姆斯理工大学 G. Moschetti 博士等人	完成 4~8 GHz InAs/AlSb HEMTs LNA 的制备,并对其低温特性进行了研究。在 13 K 的低温条件下其电子迁移率为 55 000 cm²/(V·s),噪声温度为 19 K,功耗为 6 MW[24]

续表

年份	研究者	研究成果
2013	台湾长庚大学的 Wen‐Yu Lin 等人	研究了一种利用铱（Ir）栅技术制造高性能 InAs/AlSb HEMTs 的新方法[31]
2014	Eric Lefebvre 等人	研究了 InAs/AlSb HEMTs 工艺中，在有源区浅台面隔离后 AlGaSb 面上积淀一层 SiN$_x$ 薄膜的影响，最大漏电流、跨导以及栅极漏电流等都得到改善[32]
2018	Jing Zhang 等人	研究了 90～300 K 温度对栅长为 2 m 的 InAs/AlSb 异质结和 HEMTs 器件的影响[33]

1.3.2　国内研究状况

相比于国外在 InAs/AlSb HEMTs 器件开展的热烈研究而言，国内对该方面的研究报道较少。目前可以查阅的报道显示，中科院物理研究所的李志华博士在 2006 年最早报道了 InAs/AlSb 外延材料的生长条件，并对外延材料的检测方法和电学性能进行了研究[34]。2013 年，西安电子科技大学的崔强生、宁旭斌等人成功制备出具备一定性能的 InAs/AlSb 外延片，该外延片沟道迁移率为 26 000 cm^2/(V·s)，二维电子气浓度为 8.65×10^{11} cm^{-2}。他们同时对 InAs/AlSb HEMTs 器件的具体制造工艺流程进行了讨论，并对关键工艺进行了实验[35]。2013 年，中科院半导体所牛智川教授团队利用分子束外延在半绝缘 GaAs 衬底上成功生长出高性能 InAs/AlSb 深量子阱结构外延，其迁移率达到 27 000 cm^2/(V·s)，载流子浓度达到 4.54×10^{11} cm^{-2}[36]，其性能指标达到世界先进水平；次年，该团队采用分子束外延成功制备出新型调制掺杂型 InGaSb/AlGaSb 量子阱外延，其面空穴浓度在 300～77 K 温度范围内可保持恒定[37]。2014 年，西安电子科技大学缑昱萍等人对 InAs/AlSb HEMTs 器件的低温特性进行了研究和仿真，发现沟道二维电子气迁移率的主要散射机制为杂质电离散射和界面粗糙度散射，仿真结果表明在低温条件下器件的截止频率得到显著的提升，噪声系数得到明显的降低，同时栅极漏电得到抑制。然而，由于国内对 InAs/AlSb HEMTs 器件的研究起步较晚，资源及人力投入较少，但相信随着实验工艺技术的不断提高和科研工作者在该领域的投入加大，我国在该领域的空白将会很快得到填补。

1.4 对 InAs/AlSb HEMTs 的研究存在的问题

目前,对 InAs/AlSb HEMTs 的研究还存在如下问题:

(1)材料特性缺陷。相比于传统的半导体材料,InAs/AlSb HEMTs 在超高速、低功耗应用方面有着无法比拟的优势,但 InAs 材料本身的特性存在一些缺陷,例如 InAs 沟道的禁带宽度很窄,使得碰撞离化效应显著,这将导致 InAs/AlSb HEMTs 有很大的栅极泄漏电流,在导致器件高频性能退化的同时引入很高的噪声,从而使得器件的实际工作性能远不能达到理论预期。同时,InAs/AlSb HEMTs 的外延材料结构复杂,导致高性能外延材料的生长制备存在很大挑战。因此在外延结构的选取、沟道掺杂工艺、帽层掺杂工艺等方面都需要开展更加深入的研究,以得到高水平的二维电子气浓度。

(2)器件工艺缺陷。InAs/AlSb HEMTs 制备的关键工艺尚不成熟,需要进一步进行探索,以得到更高性能水平的 InAs/AlSb HEMTs。就欧姆接触工艺而言,目前已经报道的欧姆接触的比接触电阻为 2 Ω/mm,相比于其他传统 HEMTs 仍需要继续降低。同时也需要对栅工艺进一步摸索,例如栅槽腐蚀液的构成及配比等。另外,常见的栅结构有肖特基栅和氧化层型栅,肖特基型栅凭借其较为纯熟的制备工艺活跃在半导体器件的舞台,但栅漏电大的缺陷限制了其运用和进一步的发展。这是因为大的栅漏电对器件造成很大影响,具体表现如下:①器件跨导的降低。跨导体现了栅压对沟道电流的控制能力,影响器件的频率特性。漏电大,栅控能力减弱,跨导减小,器件的工作频率降低,限制其向高频、高速发展的步伐。②电路中静态功耗的增加。静态功耗的产生主要归咎于器件结构设计和制造中引起的泄漏电流,CMOS 电路中静态功耗与总的泄漏息息相关。工艺节点每前进一步,泄漏电流会增大约 5 倍,致使静态功耗在整个电路中的比例逐渐增大。例如,在 1.0 μm 节点时,泄漏电流引起的静态功耗仅占总功耗的 0.01%,而到 0.1 μm 节点时,其已占到了总功耗的 40%。可想而知,随着工艺节点的进一步缩小,静态功耗将在总功耗中占主导作用,这会影响到芯片的集成度和可靠性,因此减小栅极漏电变得至关重要。③器件的阈值电压升高。阈值电压表征的是器件(针对 MOS 器件)沟道开启时对应的栅压,也是一种栅控能力的体现。当栅上漏电流较大时,介质层的总电阻值会降低,电容特性减弱,栅压的控制能力降低,阈值电压增大,造成功耗增加,甚至使电路无法发挥正常的功能。④破坏栅介质层。载流子穿过栅介质层形成栅的漏电,这一过程中在介质层中形成漏电通道,随着漏电流不断增加,介质层的致密性降低,介质层受到破坏,间接造成介质层介电常数、界态和介质层陷阱等特性的降低。漏电流对器件的功耗和可靠性有着不利的影响,因此减小漏电变得至关重要。

(3)模型缺陷。由于栅极漏电和碰撞离化效应的影响,InAs/AlSb HEMTs 表现出区别于其他传统 HEMTs 的直流、射频和噪声性能,因此传统的 HEMTs 模型已经很难模拟 InAs/AlSb HEMTs 的特殊性能,精准 InAs/AlSb HEMTs 器件模型的缺失为后续的电路设计增加了难度。因此需要对传统的 HEMTs 模型进行改进,设计出可以准确表征 InAs/AlSb HEMTs 特殊性能的等小模型。

1.5 本书主要内容安排

本书共分为七章,各章节的具体安排如下:

第一章,介绍 InAs/AlSb HEMTs 器件的研究背景、研究目的、研究现状以及存在的问题。

第二章,开展 InAs/AlSb 异质结外延材料研究。阐述二维电子气产生机理和散射机制、外延材料仿真设计方法,外延材料的制备工艺方法与性能表征方法。

第三章,开展传统肖特基栅 InAs/AlSb HEMTs 器件研究。介绍器件的结构及工作原理、器件碰撞离化效应、栅极漏电特性、噪声特性等,并开展器件结构仿真设计,开展器件制备流程和主要制备工艺研究。

第四章,开展 InAs/AlSb MOS-HEMTs 器件研究。介绍 high-k/InAlAs MOS 电容工作原理、表征方法及漏电模型,开展 high-k/InAlAs MOS 电容隔离栅关键工艺方法研究,开展 InAs/AlSb MOS-HEMTs 器件仿真设计及性能分析。

第五章,开展 InAs/AlSb HEMTs 器件建模研究。在传统 HEMT 等效电路模型的基础上对 InAs/AlSb HEMTs 器件进行小信号建模,分析改进模型结构及参数提取方法,验证改进模型的准确度和可用性。

第六章,开展 InAs/AlSb HEMTs LNA 电路设计方法研究。完成 Ku 波段 LNA 电路设计仿真优化。

第七章,对本书研究内容进行总结并展望研究趋势及前景应用。

第二章 InAs/AlSb 异质结外延材料特性及工艺

高电子迁移率晶体管（HEMTs）是以异质结材料为基础的器件。本章对 InAs/AlSb 异质结材料能带结构、特性仿真以及制备工艺进行详细阐述。

2.1 异质结能带结构

2.1.1 能带结构

相比由同种半导体材料构成的同质结，异质结是由禁带宽度不同但晶格匹配性较好的两种半导体材料形成的。由于组成异质结的两侧材料一般具有不同的禁带宽度，造成异质结界面处的能带不连续，界面处和附近的能带发生弯曲。因而在研究异质结的特性时，异质结的能带结构图起着十分重要的作用。在不考虑交界面处的界面态的前提下，能带图取决于形成异质结半导体材料的电子亲和能、禁带宽度以及功函数，其中电子亲和能和禁带宽度是材料的固有性质，与掺杂浓度无关，而功函数是随杂质浓度变化的。异质结分为突变型异质结和缓变型异质结两种，对后者的研究并不多。本章以图 2 - 1 所示的突变反型异质结为例，对异质结的能带开展讨论。图 2 - 1(a)为两个半导体材料接触之前各自的平衡能带图，图 2 - 1(b)为异质结形成之后的平衡能带图。图中的 E_{g1}、E_{g2} 分别表示两种半导体材料的禁带宽度；δ_1 是费米能级 E_{F1} 和价带顶 E_{v1} 的能量差，δ_2 是费米能级 E_{F2} 和导带底 E_{c2} 的能量差；W_1、W_2 分别是真空电子能级与费米能级 E_{F1}、E_{F2} 的能量差，即电子的功函数；χ_1、χ_2 为真空电子能级与导带底 E_{c1}、E_{c2} 的能量差，即电子的亲和能。

从图 2 - 1 中可见，导电类型相反的半导体材料紧密接触形成异质结时，由于 n 型半导体的费米能级位置较高，电子将从 n 型半导体跃迁到 p 型半导体中，空穴则在与电子相反的方向流动，两块半导体材料交界面的两边形成空间电荷区（即势垒层），n 型半导体一侧为正空间电荷区，p 型半导体一侧为负空间电荷区,正负电荷间产生电场,即内建电场。由于电场的存在,电子在空间电荷区中各点都具有附加电势能,使得空间电荷区中的能带发生弯曲,直至两块半导体有统一的费米能级。从图 2-1(b)中可以看出,n 型半导体的导带底和价带顶的弯曲量为 qV_{D2},导带底在交界面处形成一向上的尖峰;p 型半导体的导带底和价带顶的弯曲量为 qV_{D1},导带底在交界面处形成一向下的凹口。能带在交界面处不连续,有一个突变的过程。

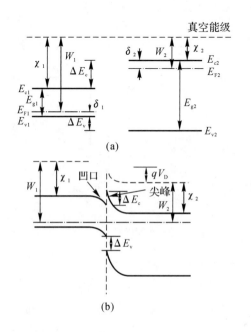

图 2-1　形成突变异质结之前和之后的平衡能带图

(a)形成突变异质结之前;　(b)形成突变异质结之后

一般来说,当两种半导体的晶格常数非常接近时,晶格匹配比较好,这时可以不考虑界面态的影响。但实际情况中,即使两种半导体材料的晶格常数在室温(300 K)时是相同的,它们的热膨胀系数往往存在差异,温度变化时也将发生晶格失配,在交界面处引入界面态。此外,在化合物半导体形成的异质结中,由于化合物半导体中成分元素的互扩散,也会引入界面态,所以几乎所有的异质结都不能忽略界面态对其的影响。

图 2-2 为 InAs/AlSb 异质结结构导带示意图,在一侧的 AlSb 中插入了四个原子层厚度的 Si-InAs 掺杂层,由于将 Si 掺入 InAs 中会使半导体呈现 n性,完全电离形成带正电的电离施主和自由电子,又由于 InAs 的禁带宽度比

AlSb 的禁带宽度小得多,因此宽禁带重掺杂的 n 型 AlSb 中的电子从能量较高的 AlSb 区域向电子能量较低的非掺杂的 InAs 沟道转移,造成电子在 InAs 一侧堆积,在 AlSb 一侧留下带正电的电离施主,在结处形成空间电荷区,空间电荷区正、负电荷产生的电场使能带发生弯曲。由导带示意图(见图 2-2)可见,AlSb 一侧形成的是电子势垒,InAs 一侧则是近似三角形的一个电子势阱,电子被限制在电子势阱中。由于量子阱宽度与电子的德布罗意波波长可比拟,电子在垂直界面的 z 方向能量发生量子化,运动受到限制,而在平行于界面的方向是做自由运动的。

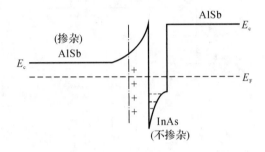

图 2-2　InAs/AlSb 异质结结构导带示意图

图 2-3 为器件在 X 为 $0.5~\mu m$ 时实验仿真所得的异质结区域导带能量纵向分布图。由图中可以看到,InAs/AlSb HEMT 在异质结附近($Y=0~\mu m$)确实形成了一个三角形的电子势阱,并且可以看到 AlSb 处的电子势垒高度比较大,可以很好地阻挡电子向 AlSb 一侧跃迁,这样可以形成很高的二维电子气浓度。由于窄带材料 InAs 不掺杂,重掺杂的宽带半导体 AlSb 的掺杂浓度要大得多,势垒主要落在窄带的空间电荷区,宽带界面处的尖峰势垒要低于窄带空间电荷区外的导带底。从分布图中也可验证这一点,电子势阱右侧(Y 为很小的正值处)的尖峰是空间电荷区外的 InAs 沟道,左侧的尖峰是 AlSb 上势垒层,左侧势垒尖峰明显要比右侧低一点。此外,这种由宽禁带重掺杂的 n 型半导体和不掺杂的窄带隙半导体形成的调制掺杂结构能够保证电子的供给是在重掺杂的 n 型 AlSb 区域,而电子输运的过程是在不掺杂的 InAs 沟道一侧进行的。在空间上两个过程是分开的,消除了电子在输运过程中所受的电离杂质散射作用,从而大大提高了电子迁移率。在本次仿真中,测得电子迁移率最高可达 10^5 数量级[单位为 $cm^2/(V \cdot s)$]。这一优良特性已在半导体微波和毫米波器件中得到重要应用。

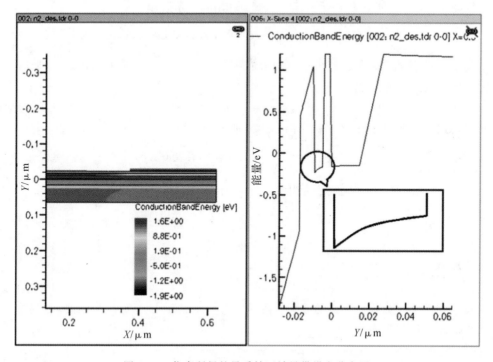

图 2-3　仿真所得的异质结区域导带纵向分布图

2.1.2　二维电子气产生原理

　　电子在众多的原子势场中运动。由于周期性势场的特殊性,在能带极值附近,仍把电子看作可以在整个晶体范围内自由运动,而和自由空间的差别只是用有效质量 m^* 代替了自由电子的质量 m,这就是有效质量近似。在有效质量近似中要考虑晶体的对称性和能带的简并度。如果能量的极值处在 k 空间的原点,由于晶体的对称性,该极值附近的等能面是一个球面,它的电子或空穴只有一个统一的有效质量 m^*,这样处理起来比较简单,几乎和自由电子相同。如果极值不在 k 空间的原点上,有效质量一般是张量,用横向有效质量 m_t 和纵向有效质量 m_1 表示。

　　假设垂直于异质结界面的方向为 z 轴,可知电子在势阱势场作用下的势能 $V(z)$ 为 z 的函数,并随 z 正向增加势能增加。查询数据可知 InAs 材料的电子有效质量为 0.023 eV,无横向、纵向分量,故其导带底位于波矢 $k=0$ 处。导带底附近电子的有效质量 m^* 是各向同性的。根据有效质量近似,势阱中的电子波函

数 $\psi(x,y,z)$ 与能量 E 满足薛定谔(Schrodinger)方程,即

$$\frac{-h^2}{2m^*}\nabla^2\psi(x,y,z)+v(z)\psi(x,y,z)=E\psi(x,y,z) \tag{2-1}$$

其中,h 为普朗克常量。式(2-1)中势能函数 $V(z)$ 与 x 和 y 无关,因此可以采用分离变量法求解。令

$$\psi(x,y,z)=\varphi(x,y)u(z) \tag{2-2}$$

代入式子中整理可得 $\varphi(x,y)$ 与 $u(z)$ 分别满足方程:

$$\frac{-h^2}{2m^*}\left(\frac{\partial^2}{\partial x^2}+\frac{\partial^2}{\partial y^2}\right)\varphi(x,y)=E_{xy}\varphi(x,y) \tag{2-3}$$

$$\frac{-h^2}{2m^*}\cdot\frac{\partial^2 u(z)}{\partial z^2}+V(z)u(z)=E_z u(z) \tag{2-4}$$

式中

$$E_{xy}+E_z=E \tag{2-5}$$

可解得

$$\varphi(x,y)=\exp\left[i(k_x x+k_y y)\right] \tag{2-6}$$

其中,k_x 和 k_y 为横向传播的波矢。可见这是一个在 xOy 平面的平面波,对应的横向本征能量值为

$$E_{xy}=\frac{h^2}{2m^*}(k_x^2+k_y^2) \tag{2-7}$$

从上述理论推断可知,势阱中的电子只在二维方向上运动,在第三个方向上的运动受到限制,实际就是在量子阱区内的准二维运动,电子将不断在靠近界面处积累,因此也称之为二维电子气,简称 2DEG(Two Dimensional Eletron Gas)。HEMTs 器件的主要工作就是利用 2DEG 在量子阱中沿平行于结界面方向的输运机制而导电。这种二维电子气不仅迁移率很高,而且在低温环境下可以保持很好的低温性能,适合低温下的研究工作。

2.1.3 二维电子气态密度

将式(2-3)和式(2-4)联立可知,量子阱中运动的电子的总能量为

$$E=E_z+E_{xy}=\frac{h^2\pi^2}{2m_n d_w^2}n^2+\frac{h^2}{2m_n}(k_x^2+k_y^2) \tag{2-8}$$

其能量在 xOy 平面内是连续的,在 z 方向是量子化的,在量子阱内形成一组分立的能级,因为在势阱区沿 z 方向很窄,电子在 z 方向被局限在几到几十个原子层范围内的量子阱中,对应的能量 E_z 发生了量子化,分立的能值分别以 E_1,$E_2,\cdots,E_i$ 表示。其中两个相邻能级之间的能量间隔为

$$\Delta E_{n,n+1} = \frac{h^2 \pi^2}{m_n d_w^2} \left(n + \frac{1}{2} \right) \qquad (2-9)$$

式中,能级间距与量子数 n 成正比,所以能级由势阱底部算起越往上越稀疏。ΔE_n 与 m_n 成反比,与量子阱宽度 d_w 的二次方成反比,表明导带电子的分立能级间距比价带空穴的分立能级间距大,同时只有在量子阱足够薄时能级量子化的效果才显著。

从量子阱中运动电子的总能量表达式(2-8)可知,在量子态 n 确定后,电子能值还和 k_x、k_y 取值有关,电子在 xOy 平面内自由运动的等能曲线是一个圆,半径为 $R = \sqrt{\frac{2m_n E_{xy}}{h^2}}$,面积为 $S = \pi \frac{2m_n E_{xy}}{h^2}$,圆内单位面积所含状态数(考虑电子自旋)为 $Z(E_{xy}) = \frac{m_n}{\pi h^2} E_{xy}$,单位面积单位能量间隔内的状态数为

$$D^{(E_{xy})} = \frac{z(E_{xy})}{dE_{xy}} = \frac{m_n}{\pi h^2} \qquad (2-10)$$

由此可得单位体积、单位能量间隔内状态数,即态密度为

$$\rho(E_{xy}) = \frac{m_n}{\pi h^2 d_w} \qquad (2-11)$$

式(2-10)明确表示,二维运动电子的态密度是一个与能量无关的常数,它的大小完全由载流子有效质量和量子阱层宽度 d_w 决定。由于量子阱中的电子在 z 方向的运动受到势阱的约束,其本征能量值为一系列分立的值,所以总能量小于 E_1 的状态是不存在的,只有能量大于 E_1 的态存在。因此对应于能量为 E_1 的态密度为

$$\rho(E_1) = \frac{m_{n,1}}{\pi h^2 d_w} \cdot H(E - E_1) \qquad (2-12)$$

其中,$H(E - E_1)$ 称作单位台阶函数,也称 Heaviside 函数,它在 E 不小于 E_1 时取值为 1,其余为 0。以此类推,对应于其他能量 E_n 也有相应公式。如果量子阱中有 $n = 1, 2, \cdots, l$ 个量子态,则相应于总能量 E,其总的态密度是所有态密度之和,即

$$\rho(E) = \sum_{n=1}^{l} \rho(En) = \frac{1}{\pi h^2 d_w} \times \sum_{n=1}^{l} m_{n,n} \cdot H(E - E_n) \qquad (2-13)$$

对应于每一个 E_n,其态密度 $\rho(E_n)$ 都是一个常数,二维自由运动电子的状态密度呈台阶状分布。

2.1.4　二维电子气散射

一个载流子经历碰撞后它的运动状态会发生改变,比如由状态 k_1 变为状态

k_2，但是同时也会有其他某个载流子经过散射由状态 k_2 回到了 k_1，所以平衡状态下载流子的统计分布是不变的。散射过程中存在状态的改变，也就意味着存在能量的释放与吸收。由于能量的量子化，改变的能量值并不是连续值。

半导体中载流子发生散射的根本原因是周期性势场被破坏，在半导体内部还存在一个附加势场 ΔV。异质结中的二维电子气受到的散射主要有以下三种：

（1）电离杂质散射：这是半导体中一种主要的散射机构，指的是电子在遭受电离杂质产生的库仑场的作用时发生状态变化。从 2.1.1 节中 InAs/AlSb 异质结结构能带分析可知，重掺杂的 n 型 AlSb 层电离出自由电子，留下大量带正电的离子，这会在电离施主周围形成一个库仑势场，当二维电子气的电子运动到电离杂质附近时，由于库仑势场的作用，电子的运动方向会发生改变。异质结各层中的电离杂质对异质结界面上的二维电子气的散射与异质结的结构和杂质分布有关，适当选择异质结构中的各种参数可以将电离杂质对二维电子气的散射作用降到一个较低值。

（2）晶格振动散射：一定温度下，晶体其格点原子（或离子）在各自平衡位置附近振动，晶格原子的振动扰乱了原有的周期性势场，产生附加势场，附加势场和电子的相互作用使电子从某一个本征态跃迁到另一个本征态，造成散射。晶格振动散射是电子和声子的互相作用。假若构成异质结的两种半导体材料的介电常数、态密度和晶格常数较为接近，声子不受层状结构的影响，仍可看成是三维的。

（3）界面粗糙度散射[38]：异质结界面几何上的不平整也会相当于有一个起伏的势场使界面处的二维电子气发生散射。界面粗糙度可以用两个参数表征，其一是界面上起伏的高度差 Δ，另一个是沿界面方向起伏的平均周期 Λ。用这两个参数可以写出等效的散射势场，从而算出由界面粗糙度散射决定的弛豫时间。

2.2 InAs/AlSb 异质结外延材料特性仿真

本次仿真使用的 Sentaurus TCAD 软件是 Synopsys 公司开发的面向制造的设计（Design For Manufacturing，DFM）软件。

2.2.1 仿真物理模型

（1）输运方程为

$$J_n = qn\mu_n E + qD_n \frac{\mathrm{d}n}{\mathrm{d}x} \tag{2-14}$$

$$J_p = qn\mu_p E + qD_p \frac{\mathrm{d}p}{\mathrm{d}x} \tag{2-15}$$

（2）泊松方程为

$$\frac{\mathrm{d}^2\psi}{\mathrm{d}x^2} = -\frac{\mathrm{d}E}{\mathrm{d}x} = -\frac{q}{\varepsilon_s}(p - n + N_D^+ - N_A^-) \tag{2-16}$$

（3）载流子连续性方程为

$$\nabla J_n = q\frac{\partial n}{\partial t} + qR_{net} \tag{2-17}$$

$$-\nabla J_p = q\frac{\partial p}{\partial t} + qR_{net} \tag{2-18}$$

上述三个公式中：J_n 指电子的电流密度，J_p 指空穴的电流密度；n 为电子密度，p 为空穴密度；μ_n、μ_p 分别为电子与空穴的迁移率；N_D^+、N_A^- 分别为电离施主浓度与电离受主浓度；ε_s 是介电常数；q 为单位电子电荷；D_n、D_p 分别指电子与空穴的扩散系数；R_{net} 为半导体内电子、空穴的净复合率。

基于以上这三个基本方程建立起来的模型有很多，主要包括陷阱模型、迁移率模型、产生-复合模型、量子模型、流体动力学模型、热力学模型、漂移-扩散模型、能带变窄模型等，其中漂移-扩散模型是最基础的模型。

2.2.1.1　陷阱模型

Sdevice 提供了五种陷阱类型，分别为施主型、受主型、中性电子型、中性空穴型以及固定电荷。

（1）固定电荷陷阱：固定电荷陷阱总是被占据的，可以带正电也可以带负电，其通常可以用来描述栅介质中的固定电荷。

（2）施主型陷阱：施放电子后呈正电性，没有被空穴占据时呈电中性。

（3）受主型陷阱：俘获电子后呈负电性，没有被电子占据时呈电中性。

（4）中性电子型陷阱：俘获电子后呈负电性，能级空着呈电中性。

（5）中性空穴型陷阱：俘获空穴后呈正电性，能级空着呈电中性。

本书在高 k/GaAs 界面主要添加施主型陷阱和受主型陷阱，在电中性能级以上是受主型陷阱，在电中性以下是施主型陷阱，GaAs 的电中性能级在导带底以下 0.8 eV 处。

Sdevice 支持四种陷阱密度分布方式，分别为均一分布、单一值分布、高斯分布和指数分布。

（1）均一分布：在 $E_0 - E_s < E < E_0 + E_s$ 能级范围内插入 13 个能级，其中每个能级上的界面态密度为 N_0；

（2）单一值分布：在 $E=E_0$ 能级处界面态密度为 N_0；

（3）高斯分布：在 $E_0-E_s<E<E_0+E_s$ 能级范围内界面态密度按高斯规律分布；

（4）指数分布：在 $E_0-E_s<E<E_0+E_s$ 能级范围内界面态密度按指数规律分布。

在上面的几个式子中，E_0 为能级范围中心，E_s 为能级分布的范围半径，N_0 为陷阱密度的峰值。

器件仿真过程中贯穿始终的基本方程有三个，分别是输运方程、泊松方程与载流子连续性方程。

2.2.1.2 迁移率模型

迁移率是器件仿真中一个很重要的考核指标。迁移率模型里最简单的情况是常数迁移率模型，但是它只适用于未进行掺杂的材料。除了常数迁移率模型，Sentaurus TCAD 里还有高场迁移率模型，即 HighField - dependent Mobility 模型。高场强下，载流子的漂移速度由于杂质散射作用趋于饱和值。

载流子的迁移率是决定器件特性的一个重要参数，它代表了单位电场下载流子的漂移速度，其公式为

$$V_n=\mu_n|E| \tag{2-19}$$
$$V_p=\mu_p|E| \tag{2-20}$$

其中，μ_n 和 μ_p 分别为电子和空穴的迁移率。Sentaurus 中迁移率模型默认为常数迁移率模型。常数迁移率模型认为载流子迁移率只受声子散射，因此，只取决于晶格的温度，其与温度的关系为

$$\mu_{const}=\mu_{max}\left(\frac{T}{300\ K}\right)^{-\zeta} \tag{2-21}$$

其中，μ_{max} 为最大迁移率对于 GaAs 为 8 500 $cm^2 V^{-1}\cdot s^{-1}$；T 为温度，K；ζ 为修正指数。本书仿真设置的环境温度为 300 K，因而 μ_{const} 为 8 500 $cm^2 V^{-1}\cdot s^{-1}$，该迁移率模型只用于未掺杂的材料。

一般情况下载流子迁移率不为常数，载流子的迁移率受很多因素的影响，晶格温度、掺杂、载流子之间的散射、高的电场以及表面粗糙度等都可以造成迁移率的变化。本书主要考虑掺杂、高场饱和以及界面退化三种迁移率模型。

1. 掺杂迁移率模型

掺入半导体内部的杂质电离后变成电离施主或电离受主，这些杂质离子对载流子产生电离杂质散射，从而影响载流子的迁移率。Sentaurus 中描述因杂质散射而导致迁移率退化的模型有两种：Masetti 模型和 Arora 模型，本书使用的模型是更适合 GaAs 的 Arora 模型，其公式如下：

$$\mu_{dop} = \mu_{min} + \frac{\mu_d}{1 + \left(\dfrac{N_i}{N_0}\right)^{A^*}} \qquad (2-22)$$

$$\left. \begin{array}{l} \mu_{min} = A_{min} \left(\dfrac{T}{T_0}\right)^{a_m} ; \quad \mu_d = A_d \left(\dfrac{T}{T_0}\right)^{a_d} \\[4mm] N_0 = A_N \left(\dfrac{T}{T_0}\right)^{a_N} A^* = A_a \left(\dfrac{T}{T_0}\right)^{a_a} \end{array} \right\} \qquad (2-23)$$

其中：$N_i = N_A + N_D$ 为掺杂的总浓度；A_d、A_N、A_a 等参数可在参数文件里面的 DopingDependence{⋯} 部分进行修改。

2. 高场饱和迁移率模型

在较高的电场情况下，载流子的漂移速度不再与电场成正比例关系，而是存在有限的饱和漂移速度 V_{sat}，即迁移率会随着电场的增大而减小。Sdevice 提供了 Canali 模型、基本模型和 Meinerzhagen - Engl 模型，本书采用默认的 Canali 模型，其计算公式为

$$\mu(E) = \frac{\mu_{low}}{\left[1 + \left(\dfrac{\mu_{low}E}{V_{sat}}\right)^{\beta}\right]^{\frac{1}{\beta}}} \qquad (2-24)$$

其中：V_{sat} 表示饱和速度；E 表示电场强度；μ_{low} 表示低场迁移率模型，取决于前面使用的低场迁移率模型；β 与温度有关，可以表示为

$$\beta = \beta_0 \left(\frac{T}{T_0}\right) \beta_{exp} \qquad (2-25)$$

其中，T 表示晶格温度，本书中取为 300 K。

3. 界面退化迁移率模型

在 MOSFET 的沟道区，高的横向电场使载流子和高 k/GaAs 界面的相互作用很强烈。载流子受到强的表面声学声子散射和表面粗糙度散射，载流子迁移率因此下降。Sdvice 提供了五种界面退化的迁移率模型，分别为 Lombardi 模型、Lombardi_high - k 模型、IALMob 模型、Unibo 模型以及库伦散射模型。本书采用 Lombardi 模型。

Lombardi 模型考虑了声学声子散射和表面粗糙度散射对沟道中载流子迁移率的影响，其中声学声子散射对迁移率的影响可以表示为

$$\mu_{ac} = \frac{C\left[(N_{A,0} + N_{D,0} + N_2]/N_0\right)^{\lambda}}{F^{\frac{1}{3}} \left(\dfrac{T}{300K}\right)^{k}} \qquad (2-26)$$

而表面粗糙度散射对载流子迁移率的影响可以表示为

$$\mu_{sr} = \left(\frac{(F/F_{ref})^{A^*}}{\sigma} + \frac{F^3}{\eta}\right)^{-1} \qquad (2-27)$$

其中：F 为垂直于高 k/GaAs 界面的电场；$F_{ref}=1$ V/cm 为垂直于高 k/GaAs 界面的参考电场；幂指数 A^* 由下式给出：

$$A^* = A + \frac{(a_n n + a_p p) N_{ref}^v}{(N_{A,0} + N_{D,0} + N_1)^v} \tag{2-28}$$

式中：N_{ref} 为参考掺杂浓度，其默认值为 1 cm^{-3}；下标 n 和 p 分别为电子和空穴的载流子密度；对于电子，迁移率 $\alpha_n = \alpha, \alpha_p = \alpha \cdot \alpha_{other}$，对于空穴，迁移率 $\alpha_n = \alpha \cdot \alpha_{other}, \alpha_p = \alpha$。由声学声子散射和表面粗糙度散射决定的迁移率可以通过 Matthiessen 定律与体迁移率组合，即

$$\frac{1}{\mu} = \frac{1}{\mu_b} + \frac{D}{\mu_{ac}} + \frac{D}{\mu_{sr}} \tag{2-29}$$

式中，D 随着距高 k/GaAs 界面距离增大的衰减因子，它可以表示为

$$D = \exp(-x / I_{crit}) \tag{2-30}$$

其中，x 为距高 k/GaAs 界面的距离。从式（2-30）中可以得到，随着距高 k/GaAs 界面距离的增加，D 值不断减小。

2.2.1.3 产生-复合模型

这个模型描述了杂质在导带和价带之间交换载流子的经过。这个模型对于双极型器件的物理特性分析很重要。产生-复合模型主要包括肖克莱复合模型（SRH）、辐射复合模型、CDL（Coupled Defect Level）复合模型、带间隧道击穿模型、俄歇复合模型等。Sdevice 提供了多种产生复合模型，本书中主要考虑 SRH 复合模型和俄歇复合模型。

1. SRH 复合模型

SRH 复合模型是一种深能级复合模型，SRH 复合率可以描述为与载流子浓度和载流子寿命相关的一个函数：

$$R_{net}^{SRH} = \frac{np - n_{eff}^2}{T_p(n+n_1) + T_n(p+p_1)} \tag{2-31}$$

$$n_1 = n_{ieff} \exp\left(\frac{E_{trap}}{kT}\right) \tag{2-32}$$

$$p_1 = n_{ieff} \exp\left(-\frac{E_{trap}}{kT}\right) \tag{2-33}$$

式中：n、p 是电子和空穴浓度；E_{trap} 是本征能级和缺陷能级之差；τ_n 和 τ_p 为电子和空穴寿命，它们与掺杂浓度、电场和温度有关，可以表示为

$$\tau_c = \tau_{dop} \frac{f(T)}{1 + g_c(F)} \tag{2-34}$$

其中：$F(T)$ 和 $g_c(F)$ 分别是与温度和电场相关的参数函数；τ_{dop} 是掺杂浓度决定的寿命部分，其可以表示为

$$\tau_{dop}(N_{A,0}+N_{D,0})=\tau_{min}+\frac{\tau_{max}-\tau_{min}}{1+\left(\dfrac{N_{A,0}+N_{D,0}}{N_{ref}}\right)} \qquad (2-35)$$

式中：τ_{min} 为最小寿命，默认为 0；τ_{max} 为最大寿命，对于 GaAs 其为 1×10^{-9} s，$N_{A,0}$ 和 $N_{D,0}$ 为受主和施主掺杂浓度；N_{ref} 为参考掺杂浓度，对于 GaAs 其为 1×10^{16} cm^{-3}。

2. 俄歇复合模型

俄歇复合是通过电子与空穴的复合并将释放的能量交给另一个载流子的过程。导带与价带之间的俄歇复合率 R^A 可以用下式表示：

$$R_{net}^{A}=(C_n n+C_p p)(n_P-n_{ieff}^2) \qquad (2-36)$$

其中，C_n 和 C_p 是和温度相关的函数。

2.2.1.4　量子模型

分析可知，按照等比例缩小的原则栅介质的厚度在不断减小，在保持一定的栅电容条件下，虽然可以通过用高 k 栅介质代替 SiO$_2$ 来提高栅介质厚度，但是，高 k 栅介质的厚度一般也为几纳米，如此小的栅介质厚度使得电子和空穴波动特性不能再被忽略，即应该考虑量子效应，量子效应可以引起阈值电压的漂移和栅电容的减小。目前对量子效应有两种研究手段：一种是用基于泊松方程、薛定谔方程的自洽解模型进行研究，另一种是通过对经典模型进行量子修正从而得到量子修正模型而引入量子效应。Sdevice 采用的则是通过量子修正的方法将量子效应引入仿真中，具体是 Sdevice 在载流子密度中引入了类能级的量子参数 Λ_n：

$$n=N_c F_{\frac{1}{2}}\left(\frac{E_{F,n}-E_c-\Lambda_n}{KTn}\right) \qquad (2-37)$$

式中，N_c 为导带状态密度。空穴浓度中类似的量子参数是 Λ_p。由于量子效应而被修正的载流子密度可以通过合适模型提供的 Λ_n 和 Λ_p 得到，Sdevice 提供了四种量子模型，意味着提供了四种不同 Λ_n 和 Λ_p，它们具有不同的物理复杂度、运算速度和收敛容易程度，表 2-1 为它们优缺点的对比表。

表 2-1　四种量子模型优缺点对比

物理模型	优点	缺点
Van Dort	能很好地描述端特性	不能给出准确的沟道载流子分布
1D Schrödinger equation	其计算结果精度高	耗时，不易收敛，不能进行交流小信号分析

续表

物理模型	优点	缺点
Density Gradient Quantization Model	可给出终端特性描述和电荷分布	耗时
MLDA(Modified Local-Density Approximation)	计算迅速、易收敛,且可与多能谷效应搭配使用	载流子分布精度弱于 Density Gradient Quantization Model

  MLDA 量子模型计算迅速,精度也较高,而且对于具有多个能谷的 GaAs,其可以与多能谷效应搭配使用,因此本书选择 MLDA 量子模型。MLDA 量子模型是可以计算靠近高 k/GaAs 界面载流子分布的量子机理模型,它可以被应用在反型区和积累区,电子密度与距离高 k/GaAs 界面距离 z 的关系可以表示为

$$n_{\text{MLDA}}(\eta_n) = N_c \exp(\eta_n)\{1 - \exp[-(z/\lambda_n)^2]\} \qquad (2-38)$$

其中,$\lambda_n = \sqrt{h^2/2m_{qn}kT_n}$ 是由量子质量决定的电子热波长,η_n 则通过下式给出:

$$\eta_n = \frac{EC_{F,n}}{kT} \qquad (2-39)$$

  对金属栅/HfO$_2$/N-GaAs MOS 量子效应仿真,仿真频率均为 100 Hz,等效氧化层厚度 EOT 均为 4 nm,衬底掺杂 5×10^{17} cm^{-3}。可以得到,首先量子效应使积累区栅电容减小,栅电容计算公式为

$$C = \frac{A\varepsilon}{t_{ox}} \qquad (2-40)$$

其中:A 为面积;ε 为栅介质介电常数;t_{ox} 为栅介质厚度。在非量子模型中,对于积累区,认为在界面处有大量的高浓度的电子,电子分布在很薄的一层里面。对于介质厚度相对较厚的情况,跟介质厚度相比,这薄薄的一层电子的厚度可以忽略,所有的电子与界面的距离为零,所有电子与金属之间的距离都是 t_{ox}。而对于介质厚度较薄的情况,半导体中电子的分布厚度不可忽略,考虑电子分布在距离界面一定厚度的范围内,此时必须考虑量子模型,且载流子浓度随着距离遵循 MLDA 量子模型的描述。此时,电子与金属之间的距离不再是 t_{ox},而是 $t_{ox} + z$。沿着垂直于界面的方向,位于 z 到 $z+dz$ 处的薄层电荷所贡献的微分电容为 $dC(z) = A\varepsilon/(t_{ox}+z)$。其效果相当于栅介质的有效厚度增大。显然由此积分得到的总电容比采用普通模型计算得到的总电容要小。其次还可以看到,量子效应主要对 C-V 的积累区造成影响。这是因为 MLDA 量子模型通过引入量子参数 Λ 对电子密度进行修正,耗尽区沟道中电子密度很小,可以忽略不计,从而量子效应对其基本无影响,随着电压的增大或减小,器件从耗尽区进入积累区,电

子密度迅速增大,其电子厚度迅速增大,从而使量子效应主要对积累区或反型区造成较大影响。

2.2.1.5　流体动力学模型

对于含有异质结构的器件,流体动力学模型的用处很大。它提供了计算热电子的方法,适合短沟道器件的模拟。在 Physics 模块中,流体动力学模型用 Hydrodynamic(eTemperature)表示。它的电流表示为电子电流 j_n 和位移电流 j_D 和空穴电流 j_p 的总和,即

$$j = j_n + j_P + j_D \qquad (2-41)$$

其中,j_n 和 j_p 的表达式分别为

$$j_n = \mu_n q (n \nabla E_C + k T_n \nabla n + f_n^{td} k n \nabla T_n - 1.5 n k T_n \nabla \ln m_n) \qquad (2-42)$$

$$j_p = \mu_p q (p \nabla E_v + k T_p \nabla p + f_p^{td} k p \nabla T_p - 1.5 n k T_p \nabla \ln m_p) \qquad (2-43)$$

2.2.1.6　热力学模型

它是最简单的漂移-扩散模型的拓展,考虑了自热效应,涵盖了温度梯度的影响,适合长沟道大功率器件的模拟,其在 Physics 模块中用 Thermodynamic 表示。

2.2.1.7　漂移-扩散模型

它是等温模拟,适合长沟道低功率器件的仿真。其表达式为

$$j_n = -n_q \mu_n \nabla \phi_n \qquad (2-44)$$

$$j_p = -pqu_p \nabla \phi_p \qquad (2-45)$$

2.2.1.8　能带变窄模型

它适用于重掺杂的双极型器件,本次仿真过程中不需要该模型,因此在 Physics 中应增添语句将其关闭。

2.2.2　外延特性仿真

2.2.2.1　外延片结构方案

InAs/AlSb HEMTs 具有层次分明的层状结构,在实际的工艺加工中,往往采用分子束外延生长技术 MBE 来完成,该工艺技术可以实现每一层结构厚度与组成的精确掌控。本次仿真主要是利用 Sentaurus TCAD 软件完成 InAs/AlSb HEMT 外延结构的基本参数仿真,并探索参数不同造成的结果差异。

图 2-4 所示为 InAs/AlSb HEMTs 的外延片主要结构,依下而上各层依次

为:半绝缘 GaAs 衬底;砷化镓外延层,该层可以阻止衬底中杂质和缺陷,以获得较完整的晶格结构;AlGaSb 层,用来处理 AlSb 材料和 GaAs 之间的晶格失配现象;AlSb 下势垒层,存在一个势垒可以阻止沟道中电子外溢;InAs 沟道,这是仿真中重点关注的一个结构,用来和 AlSb 材料形成异质结,在沟道附近产生一个电子势阱形成二维电子气,本次仿真中只对沟道进行背景掺杂;AlSb 上势垒层,上势垒层中插有一薄层的 InAs,将势垒层分为三部分,与沟道相邻的部分参与形成异质结,同时它也隔离了带正电的电离施主与势阱中的电子,减少散射的同时提高了迁移率,薄层 InAs 用 Si 进行掺杂,电离出电子进入沟道形成二维电子气,最上层的 AlSb 则用来对载流子浓度进一步限制;InAlAs 保护层,可以降低栅极泄漏电流;重掺杂的 InAs 帽层与金属电极可以形成很好的欧姆接触。

5nm InAs 2×10^{19} cm^{-3} Si - doped
6nm In$_{0.5}$Al$_{0.5}$As
8nm AlSb
InAs 2 monolayers
Si-doping 10^{19} cm^{-3}
InAs 2 monolayers
5nm AlSb
15nm InAs channel
50nm AlSb
700nm Al$_{0.7}$Ga$_{0.3}$Sb
200nm GaAs
SI GaAs Substrate

图 2-4 InAs/AlSb HEMT 外延层结构

在实际的设计过程中期望得到较为理想的 2DEG 浓度,而沟道层与隔离层的厚度对二维电子气的迁移率和电子密度等参数又都有很大影响。本次仿真针对这一要点采取了四种外延片结构,如图 2-5 所示。控制 AlSb 上势垒层与沟道的厚度为变量,对沟道电子迁移率、电子速率、电子浓度、方块电阻这四个基本参数进行仿真,并比对结果分析原因。

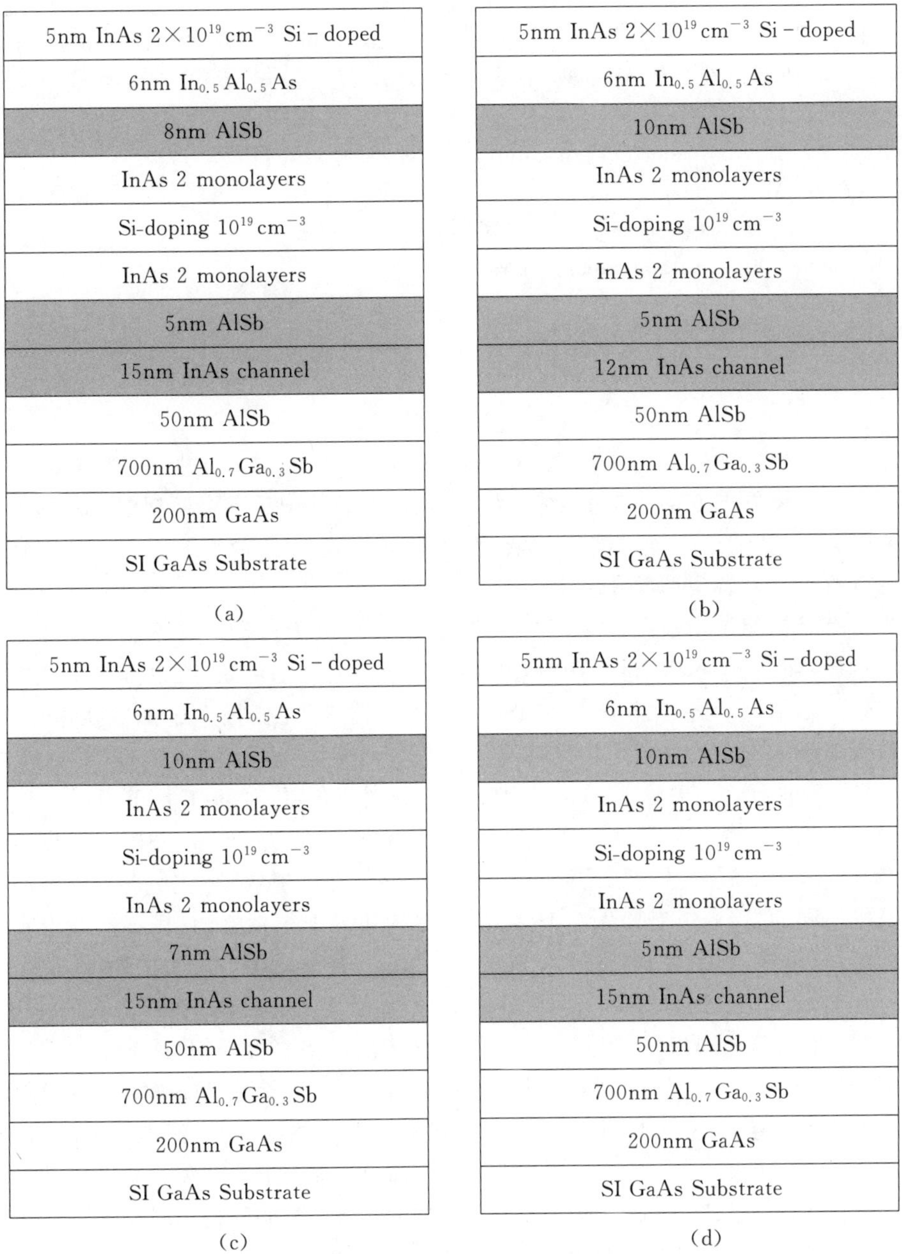

5nm InAs 2×10^{19} cm^{-3} Si – doped
6nm In$_{0.5}$Al$_{0.5}$As
8nm AlSb
InAs 2 monolayers
Si-doping 10^{19} cm^{-3}
InAs 2 monolayers
5nm AlSb
15nm InAs channel
50nm AlSb
700nm Al$_{0.7}$Ga$_{0.3}$Sb
200nm GaAs
SI GaAs Substrate

(a)

5nm InAs 2×10^{19} cm^{-3} Si – doped
6nm In$_{0.5}$Al$_{0.5}$As
10nm AlSb
InAs 2 monolayers
Si-doping 10^{19} cm^{-3}
InAs 2 monolayers
5nm AlSb
12nm InAs channel
50nm AlSb
700nm Al$_{0.7}$Ga$_{0.3}$Sb
200nm GaAs
SI GaAs Substrate

(b)

5nm InAs 2×10^{19} cm^{-3} Si – doped
6nm In$_{0.5}$Al$_{0.5}$As
10nm AlSb
InAs 2 monolayers
Si-doping 10^{19} cm^{-3}
InAs 2 monolayers
7nm AlSb
15nm InAs channel
50nm AlSb
700nm Al$_{0.7}$Ga$_{0.3}$Sb
200nm GaAs
SI GaAs Substrate

(c)

5nm InAs 2×10^{19} cm^{-3} Si – doped
6nm In$_{0.5}$Al$_{0.5}$As
10nm AlSb
InAs 2 monolayers
Si-doping 10^{19} cm^{-3}
InAs 2 monolayers
5nm AlSb
15nm InAs channel
50nm AlSb
700nm Al$_{0.7}$Ga$_{0.3}$Sb
200nm GaAs
SI GaAs Substrate

(d)

图 2-5　仿真所用外延片结构
(a)模型(a)；　(b)模型(b)；　(c)模型(c)；　(d)模型(d)

2.2.2.2　仿真模型及指令

在本次的 HEMTs 器件仿真中，根据各类模型的适用范围，Sdevice 中 Physics 模块部分的指令编写如下：

```
Physics {
        Hydrodynamic (eTemperature)
        Mobility(
        DopingDependence
        eHighfieldsaturation (CarrierTempDrive)
hHighfieldsaturation)
        EffectiveIntrinsicDensity (Nobandgapnarrowing)
        Recombination (SRH)
        }
```

该指令包含流体动力学模型 Hydrodynamic(eTemperature)、迁移率模型、本征载流子浓度的取消能带变窄模型和复合模型。其中迁移率模型中调用的依次是"依靠掺杂的迁移率模型""高场饱和模型的驱动力子模型"，复合模型则采用的是肖克莱复合模型（SRH）。

所有结构均设定横向 x 维度的长度为 $1~\mu m$。由于外延仿真不需要添加电极与偏压，而 Sentaurus TCAD 中 Sdevice 工具的电极不可缺，所以本次仿真按照上述外延结构信息设计 InAs/AlSb HEMTs 器件，在栅极上施加零伏电压，等效无电极无偏压的外延片仿真情况。

图 2-6 所示是去除了砷化镓和 AlGaSb 缓释层在 SDE 工具里设计出的 HEMTs 结构。源极与漏极对称放置，在 x 方向长度均为 250 nm，栅极长度也为 250 nm，居中放置，栅源、栅漏间距为 125 nm。在电极的设置上，需要注意与源漏极不同的是，栅极需要先在 InAlAs 层结构边界上根据栅源、栅漏间距取点作为始、末位置，如图 2-7 所示。

在 SDE 中对于 HEMT 器件网格的设置尤其关键。首先在 InAl/AlSb HEMTs 的仿真中，异质结附近二维电子气区域的网格要很精密，这部分采用纵向网格，添加比例系数，产生等比例变化的网格。其次，考虑到栅极靠近漏极一侧一般容易产生热电子，因此这个区域的网格也需要加密；相对源端，漏端的网格则要设置得更密一些；在几个重要区域，如沟道与势垒层、势垒层与供应载流子的掺硅 InAs 层、InAlAs 保护层与帽层，这几个交界面的网格相对体区要稍微密一些。最后，生成的网格如图 2-8 所示，这是图 2-5 中模型（a）的网格结果，其他三个模型只要改变卡文件中的参数即可实现，产生的网格点数量在 4 400～5 000 之间。

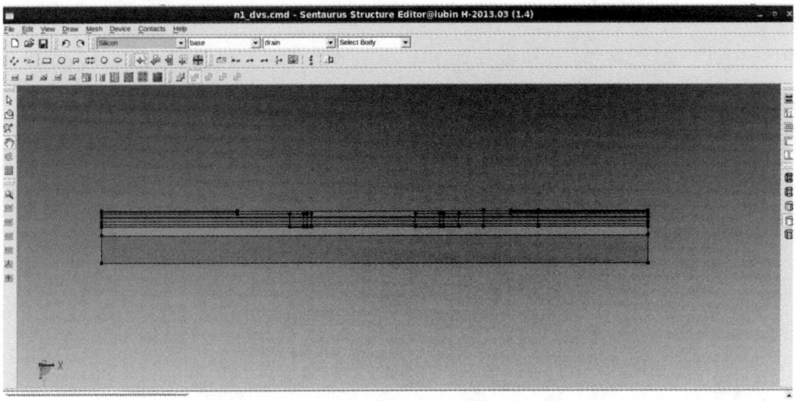

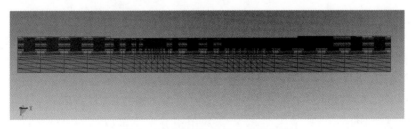

图 2-6　InAs/AlSb HEMTs 结构设计

```
(sdegeo:define-contact-set "source"
  4.0 (color:rgb 1.0 0.0 0.0 ) "##")
(sdegeo:set-current-contact-set "source")
(sdegeo:define-2d-contact
(find-edge-id (position (+ Xsrc (* -0.5 SrcLngth)) YCap 0)) "source")

(sdegeo:insert-vertex (position 0 Yg 0))
(sdegeo:insert-vertex (position 0.25 Yg 0))
(sdegeo:define-contact-set "gate"
  4.0 (color:rgb 0.0 1.0 0.0 ) "##")
(sdegeo:set-current-contact-set "gate")
(sdegeo:define-2d-contact
(find-edge-id (position (* 0.5 GtLngth) Yg 0)) "gate")

(sdegeo:define-contact-set "drain"
  4.0 (color:rgb 0.0 0.0 1.0 ) "##")
(sdegeo:set-current-contact-set "drain")
(sdegeo:define-2d-contact
  (find-edge-id (position (+ Xdrn (* 0.5 DrnLngth)) YCap 0)) "drain")
```

图 2-7　器件设计过程中电极

图 2-8　HEMT 器件生成的网格

2.2.2.3　物理特性仿真

对 HEMT 器件添加网格后,在 Sdevice 中完成仿真。三个电极的初始电压均设定为 0 V,栅极肖特基势垒设定为 1。迭代次数设置为 20,精度为 6。因为需要求解方块电阻,所以需要在 solve 模块中编写 I_d 与 V_d 传输特性的指令,如图 2-9 所示。

```
NewCurrentFile="IdVd_Vg_"
Quasistationary (
        InitialStep= 1e-3 Minstep= 1e-7 MaxStep= 0.05 Increment= 1.5
        Goal {Name="gate" Voltage= @G@}
) {
        Coupled {Poisson Electron Hole eTemperature}
}
save (FilePrefix="G_@node@_")
load (FilePrefix="G_@node@_")

Quasistationary (
        InitialStep= 1e-3 Minstep= 1e-7 MaxStep= 0.05 Increment= 1.5
        Goal {Name="drain" Voltage= 2}
) {
        Coupled {Poisson Electron Hole eTemperature}
}
```

图 2-9　传输特性指令的编写

完成卡文件的文本输入后,还必须输入材料的参数信息。所建立的 HEMTs 模型中有 AlSb、InAs、Silicon、InAlAs 材料,在 Include Parameter File 里勾选所需材料,在工程路径下会自动生成(*.par)文件。在仿真过程中,系统的材料库里并无 AlSb 材料模型,这时可以将 AlSb 材料文件放入 MaterialDB 中,在 Parameter 中调用,或者把 AlSb 材料文件中的内容根据格式规范复制到 Parameter 中,在 Sdevice 的 inputfiles 添加 Parameter=pp@node@_des.par 语句。AlSb 的材料文件则需要查阅其精确物理参数后在相似半导体材料文件中修改。

添加变量 G 并设置值为 0 V,仿真成功后选中节点调用工具 Tecplot SV,查看其电子浓度、电子迁移率、电子速率。

(1)模型(a):AlSb 上势垒层上、下两部分的厚度分别为 8 nm、5 nm,沟道厚度为 15 nm。图 2-10 和图 2-11 为模型(a)的仿真结果。在 x 为 0.5 时取纵向切片,可以得到图 2-10 中右侧的曲线,该曲线描述了 $x=0.5$ 时 y 方向的电子浓度分别,可以看到在沟道与上势垒层形成异质结表面(用探针可以得知 y 大约为 $-0.008\,9$ 位置)电子浓度达到 $x=0.5$ 切面的巅峰,从标注可知整个器件中电子浓度的最大值达到了 4.3×10^{19}。利用积分工具可以得到二维的电子面密度为 $7.423\,202\times10^{12}$ cm^{-2}。图 2-11 为得到的电子迁移率和电子速率示意图,可以看出曲线有一个十分明显的尖峰,电子速率最高可达 4.4×10^{9} cm/s。

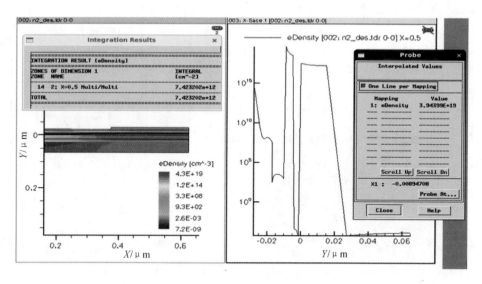

图 2 - 10　模型(a)电子浓度

　　注:左侧部分模型图为放大后图,模型图上方为积分处理得到的面电子浓度,右侧为 $x=0.5$ 切面上电子浓度最大值的探针取值。

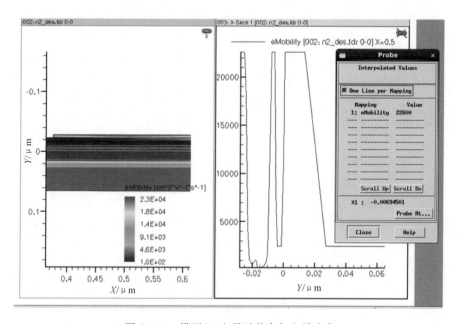

图 2 - 11　模型(a)电子迁移率与电子速率

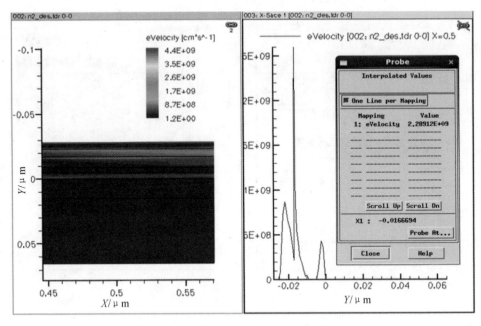

续图 2-11　模型(a)电子迁移率与电子速率

（2）模型(b)：AlSb 上势垒层上、下两部分的厚度分别为 10 nm、5 nm，沟道厚度为 12 nm。同样地，该模型也采取在 $x=0.5$ 处取切面。从图 2-12 所示的电子浓度图可以看到在形成的异质结表面，电子浓度达到该切面的巅峰，从标注可知整个器件整体的电子浓度最大值达到了 4.4×10^{19}。利用积分工具可以得到该切面二维的电子面密度为 6.75×10^{12} cm^{-2}。图 2-13 为得到的电子迁移率示意图，图 2-14 为该模型的电子速率图，可见器件中电子速率最高可达 4.6×10^{9} cm/s。

（3）模型(c)：AlSb 上势垒层上、下两部分的厚度分别为 10 nm、7 nm，沟道厚度为 15 nm。从图 2-15 中可知，器件整体的电子浓度最大可达 4.4×10^{19}，$x=0.5$ 切面二维的电子面密度为 6.66×10^{12} cm^{-2}。图 2-16 为电子迁移率示意图，图 2-17 为电子速率图，可见器件中电子速率最高可达 4.6×10^{9} cm/s。

（4）模型(d)：AlSb 上势垒层上、下两部分的厚度分别为 10 nm、5 nm，沟道厚度为 15 nm。这四个模型均在 $x=0.5$ 处取切面。从图 2-18 所示的电子浓度分布图可知在异质结表面电子浓度达到巅峰，器件整体的电子浓度最大值达到了 4.4×10^{19}。利用积分工具可以得到该切面二维的电子面密度为 6.69×10^{12} cm^{-2}。图 2-19 为得到的电子迁移率示意图，图 2-20 为电子速率图，可见器件中电子速率可高达 9.5×10^{9} cm/s，这是一个非常高的数值。

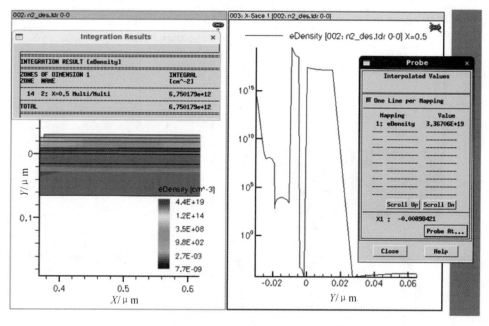

图 2 - 12　模型(b)电子浓度

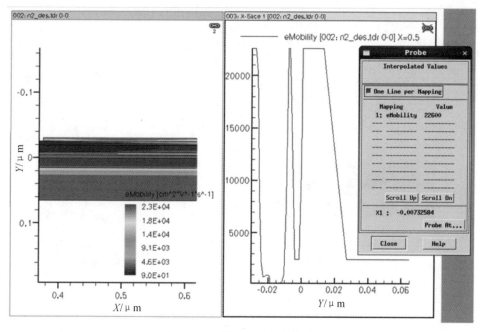

图 2 - 13　模型(b)电子迁移率

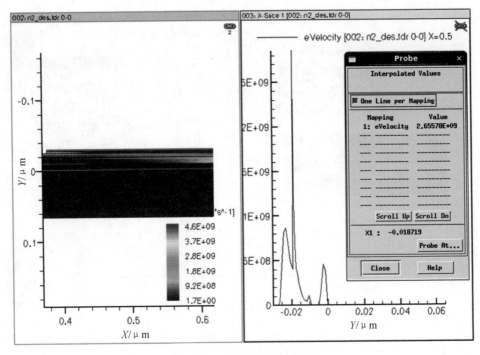

图 2-14　模型(b)电子速率

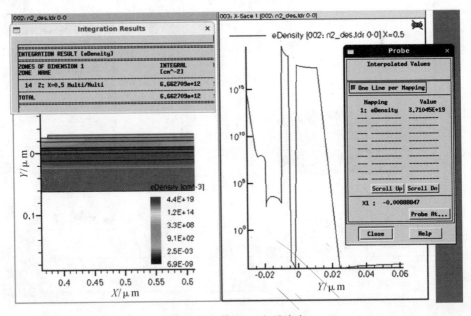

图 2-15　模型(c)电子浓度

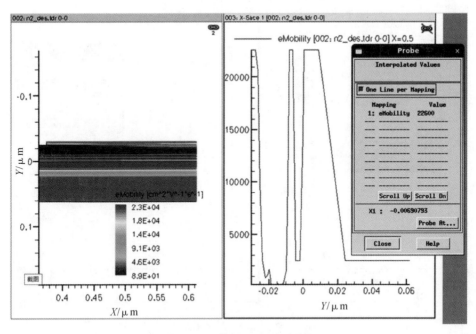

图 2-16　模型(c)电子迁移率

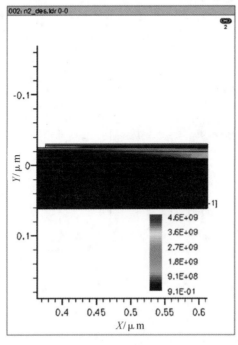

图 2-17　模型(c)电子速率

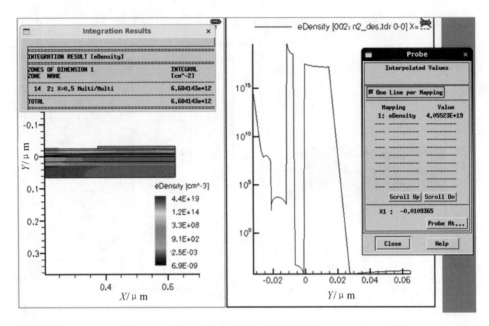

图 2-18　模型(d)电子浓度

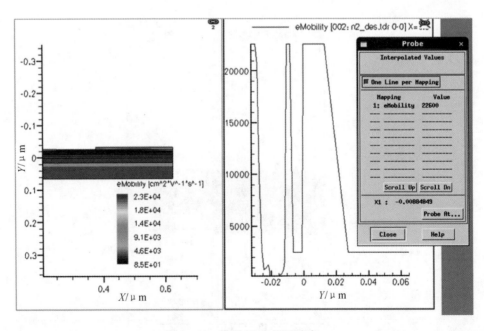

图 2-19　模型(d)电子迁移率

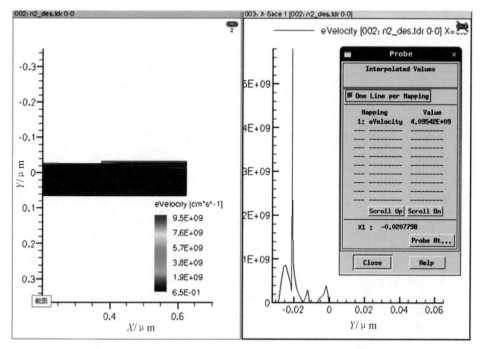

图 2-20　模型(d)电子速率

　　从上述得到的四个模型的物理特性仿真结果可以看出,电子浓度均在沟道与上势垒层形成的异质结界面处集中,这是因为上势垒层的 InAs 插入层中电子电离出来并跃迁到了三角形势阱中,并在该处不断累积达到峰值。对于这四个模型,在查看二维示意图时均采用 $x=0.5$ 处的切面,对电子浓度的二维曲线积分可得二维电子气面密度。从上述结果归纳可得,电子浓度最高可达 1×10^{19} 数量级,积分后的面密度一般在 1×10^{12} 数量级,这些结果都是比较高的。其次是电子迁移率,从图中可以看出在沟道处的电子迁移率比较高,可以达到 $22\ 600\ cm^2/(V \cdot s)$。在电子速率方面,可以看出每个模型的电子速率在上势垒层靠近源漏极附近会突然剧增,这是由于上势垒层中留下的电离施主与电极之间形成高场强,在这部分的电子浓度不大,但是在高场强下会被瞬间加速到很高的速度。

　　将四个模型的仿真数据汇总于表 2-2 中,其中 x,y,z 代表模型中隔离层及沟道的厚度值。对比数据可知,模型(d)的情况最好,它拥有极高的电子速率与高的电子浓度;模型(a)的电子速率最低,这是由于该模型的上势垒层很薄,界面杂质散射增强;模型(b)的电子浓度是最低的,它的沟道厚度较小,沟道的量子阱能级会上升,形成的电子势阱深度不够,因此二维电子气浓度将会下降;模型

(c)的电子浓度也并不高,这个模型的上势垒层过于厚,尤其是用来与沟道形成异质结的那一部分 AlSb,这会导致电离出的电子很难穿过该厚层,跃迁到沟道的电子数量降低,异质结处二维电子气的浓度就自然下降了。

表 2-2　四个外延模型的仿真数据

	x、y、z nm	体电子浓度 cm^{-3}	面电子浓度 cm^{-2}	电子速率 cm/s	电子迁移率 $cm^2/(V \cdot s)$	沟道电阻 Ω
模型(a)	8、5、15	3.944×10^{19}	7.423×10^{12}	2.289×10^9	20 017.4	132 235
模型(b)	10、5、12	3.367×10^{19}	6.750×10^{12}	2.656×10^9	14 851.3	139 420
模型(c)	10、7、15	3.710×10^{19}	6.663×10^{12}	2.318×10^9	19 811.2	132 506
模型(d)	10、5、15	4.055×10^{19}	6.684×10^{12}	4.095×10^9	20 154.3	118 730

调用 Inspect 工具得到输出特性曲线 I_d-V_d,在线性区取点作切线,电阻的阻值就是切线斜率的倒数。图 2-21 所示是模型(a)的输出曲线取切线,从数据可知其沟道电阻约为 132 235 Ω,根据该方法取得其他三个模型的电阻见表 2-2,可见四个模型沟道电阻的数量级均在 10×10^5 左右。

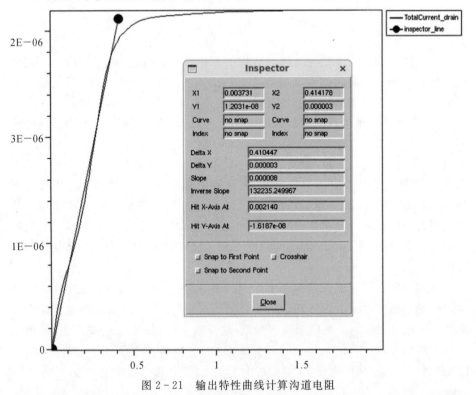

图 2-21　输出特性曲线计算沟道电阻

2.3 InAs/AlSb 异质结外延材料生长

2.3.1 生长工艺介绍

选用分子束外延技术(Molecular Beam Epitaxy,MBE)进行 AlSb/InAs 外延材料的生长。MBE 可生长出原子级厚度的膜层,是一种非常精确有效的材料生长技术,其可以准确控制各层材料所需要的掺杂,同时精确地控制各层材料的物质组分[35,39]。MBE 设备的示意图如图 2-22 所示。

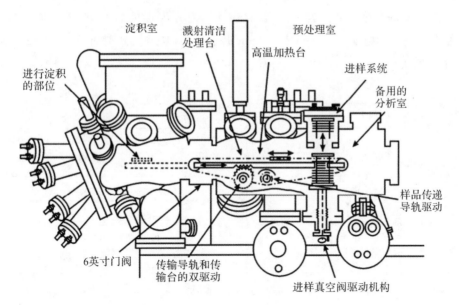

图 2-22 系统示意图[21-22]

注:1英寸(in)=2.54 cm。

根据目前国际上报道的主流器件结构和半导体所的工艺条件,本次生长的外延材料选用如图 2-23 所示结构。出于成本考虑,本实验选用 2 in GaAs 半绝缘衬底,偏角 5°;其上为 GaAs 和 AlGaSb 缓冲层;之后淀积50 nm AlSb 上势垒层;之上为 15 nm InAs 沟道和 5 nm AlSb 层形成异质结;之上淀积 InAs 层,

InAs 上层选用 Si 掺杂层；之上为 AlSb 上势垒层以及 6 nm InAlAs 保护层；最后是重掺杂 InAs 帽层，掺杂浓度为 2×10^{19} cm^{-3}。本研究选择分子束外延 (MBE) 技术来进行外延生长。首先对 GaAs 半绝缘衬底进行除氧处理，然后在 610℃ 下生长厚度为 200 nm 的 GaAs 缓冲层。接下来在 580℃ 下，在 GaAs 外延层上生长 700 nm 的 AlGaSb 层作为缓冲层。随后，冷却至 540℃ 以生长 AlSb/InAs/AlSb 层，其中包括在 AlSb 上的阻挡层中插入具有 4 个原子层厚度的薄 Si 掺杂 InAs 层。最后，在 540℃ 下生长 InAlAs 保护层和 InAs 覆盖层。

本研究制备了 4 种具有不同厚度 InAs 和 AlSb 层的 InAs/AlSb 外延片。具有图 2 - 23(a) 中结构的 1 号样品与模拟中作为参考模块的模块相同：InAs 沟道设置为 15 nm，AlSb 上势垒层厚度设置为 15 nm(Si 掺杂深度为 InAs 薄膜下方 5 nm)。为了验证沟道厚度的影响，如图 2 - 23(b) 所示，设计了沟道厚度减小为 12 nm 的 2 号样品。为了探索 AlSb 上势垒层厚度的影响，在 3 号样品和 4 号样品中分别施加了 17 nm 和 13 nm 的上势垒，其结构分别如图 2 - 23(c)(d) 所示[41]。

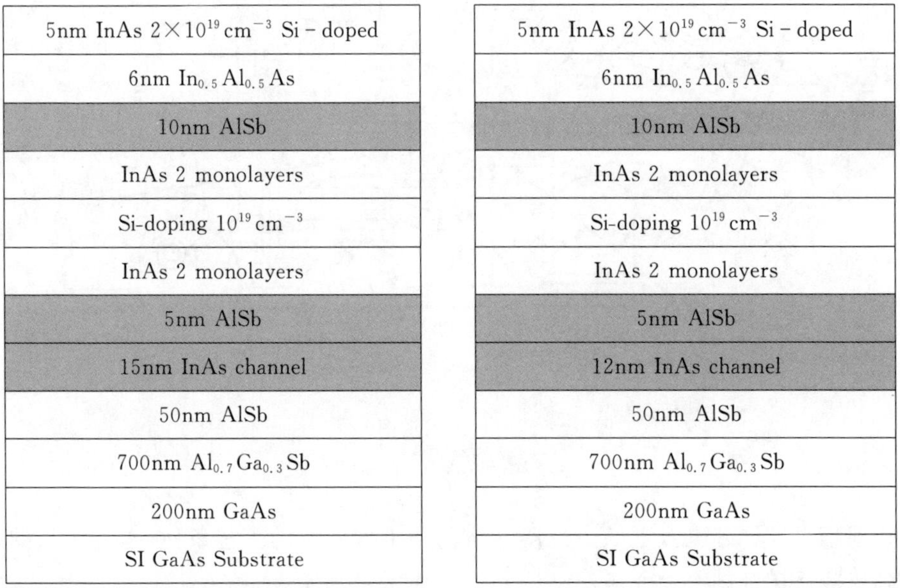

(a)	(b)
5nm InAs 2×10^{19} cm^{-3} Si - doped	5nm InAs 2×10^{19} cm^{-3} Si - doped
6nm In$_{0.5}$Al$_{0.5}$As	6nm In$_{0.5}$Al$_{0.5}$As
10nm AlSb	10nm AlSb
InAs 2 monolayers	InAs 2 monolayers
Si-doping 10^{19} cm^{-3}	Si-doping 10^{19} cm^{-3}
InAs 2 monolayers	InAs 2 monolayers
5nm AlSb	5nm AlSb
15nm InAs channel	12nm InAs channel
50nm AlSb	50nm AlSb
700nm Al$_{0.7}$Ga$_{0.3}$Sb	700nm Al$_{0.7}$Ga$_{0.3}$Sb
200nm GaAs	200nm GaAs
SI GaAs Substrate	SI GaAs Substrate

图 2 - 23　4 种不同样品的外延结构图[41]

5nm InAs 2×10^{19} cm^{-3} Si-doped
6nm In$_{0.5}$Al$_{0.5}$As
10nm AlSb
InAs 2 monolayers
Si-doping 10^{19} cm^{-3}
InAs 2 monolayers
7nm AlSb
15nm InAs channel
50nm AlSb
700nm Al$_{0.7}$Ga$_{0.3}$Sb
200nm GaAs
SI GaAs Substrate

(c)

5nm InAs 2×10^{19} cm^{-3} Si-doped
6nm In$_{0.5}$Al$_{0.5}$As
8nm AlSb
InAs 2 monolayers
Si-doping 10^{19} cm^{-3}
InAs 2 monolayers
5nm AlSb
15nm InAs channel
50nm AlSb
700nm Al$_{0.7}$Ga$_{0.3}$Sb
200nm GaAs
SI GaAs Substrate

(d)

续图 2-23　4 种不同样品的外延结构图[41]

为了提高器件性能,本次实验对 InAs/AlSb 外延材料设计进行了如下优化:

(1)为了提高沟道中二维电子气浓度,在本次材料设计时对掺杂方式进行了优化。在 AlSb 势垒层直接掺 Te 是最为简单实用的掺杂方法,但是由于 Te 源蒸发要求 MBE 腔内达到很高的蒸气压,因此很难被广泛应用。相比之下 Si 元素是用 MBE 生长Ⅲ-Ⅴ族化合物半导体最常用的 n 型掺杂源,将其掺入 GaAs、InAs、InSb 中将使半导体呈现 n 型,但将其掺入 GaSb 和 AlSb 中则会出现 p 型特性,因此选择在 AlSb/InAs 异质结上再淀积一层 InAs,然后在 InAs 插入层中掺入浓度为 10^{19} cm^{-3} 的 Si,形成 n 型半导体。因为量子效应的影响能够使得窄插入层中的电子呈现相比于沟道电子更高的能级,这些电子将穿过很窄的插入层,之后隧穿过 AlSb 势垒而进入 InAs 沟道,最终形成二维电子气。

(2)为了提高欧姆接触的质量,本次实验提高了 InAs 帽层的掺杂水平。帽层 InAs 材料选择 2×10^{19} cm^{-3} 的 Si 掺杂。

2.3.2 外延性能表征

2.3.2.1 AFM 表征

原子力显微镜(AFM)具有原子与纳米级的分析能力,其操作容易、简便,可以在大气、真空、液相等条件下进行物件分析,为目前研究纳米科技及材料的最重要工具之一。原子力显微镜是利用探针和样品间原子作用力的关系,得知样品表面的几何形状,样品可为导体或非导体。原子力显微镜已发展出许多分析功能,可进行样品的电性、磁性、纳米加工及生物活性分子性质等分析,目前其应用不仅仅局限于纳米尺度表面影像的量测,更广泛地应用于探索纳米尺度下,微观的物性(光、力、电、磁)量测,功能已经远远超过以往显微镜技术。因此原子力显微技术已经是新时代科学中一种不可缺少的重要分析方式。

用原子力显微镜观察表面,测试面积为 $10~\mu m \times 10~\mu m$。AFM 测试结果如图 2-24 所示。如表 2-3 所示,样品表面粗糙度值很小且测试的 RMS 值约为 1.4 nm。结果表明,外延生长材料致密、均匀。

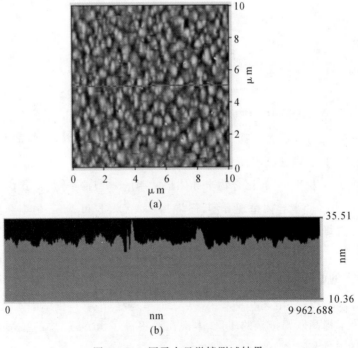

图 2-24 原子力显微镜测试结果

(a) 表面照片; (b) 表面纵向照片

表 2-3 样品 AFM 测试结果

样品序号	RMS/nm	样品序号	RMS/nm
1	1.432	3	1.435
2	1.328	4	1.394

2.3.2.2 霍尔(Hall)测试

置于磁场中的载有电流的半导体,如果电流方向与磁场垂直,则会在垂直于电流和磁场的方向产生一个附加的横向电场,这一现象是霍普斯金大学研究生——霍尔于1879年发现的,因此称为霍尔效应。随着半导体物理学的快速发展,霍尔系数和电导率已成为研究半导体材料的重要表征参数。通过实验测量半导体材料的霍尔系数和电导率可以判断材料的载流子浓度、导电类型、载流子迁移率等一系列重要参数。若能测量霍尔系数和电导率随温度变化的关系,还可以求出半导体材料的杂质电离能和材料的禁带宽度。如今霍尔效应不但是测定半导体材料电学参数的主要手段,而且随着电子技术的发展,利用该效应制成的霍尔器件由于结构简单、频率响应宽高达 10 GHz、寿命长、可靠性高等优点,已广泛用于非电量测量、自动控制和信息处理等方面。

(1)接触式霍尔测试:在面积约为 1×1 cm^2 的样片上制作四个铟点接触,作为测试的外连接点,其中两个外接电压,另外两个作为测试产生的霍尔电压,样片垂直方向为外加磁场。其中加电压的两个铟点会在垂直方向上产生电场使得 δ 掺杂的电子进入沟道,从而使二维电子气面密度增加。

(2)非接触式霍尔测试:在垂直于样品的方向上添加磁场。

本书采用接触式霍尔试验对样品进行测试。对两个样片进行 300 K 下室温霍尔测量以及 77~300 K 的变温霍尔测试,300K 测试结果如表 2-4 所示。本书中霍尔 300 K 下测试为非接触式的霍尔测试,变温霍尔测试是在外延片上点上铟点后外接电极进行测试的。

将 4 个样品的测试数据汇总在表 2-4 中,发现 4 个样品的薄片电阻率值非常相似,但迁移率和薄片载流子浓度明显不同。样品 1 的载流子浓度为 2.57×10^{12} cm^{-2},电子迁移率约为 1.58×10^4 cm^2/(V·s)。样品 2 的迁移率明显增加,约为 1.71×10^4 cm^2/(V·s)。这是因为沟道厚度的减小会抑制晶格失配位错,导致界面散射减小,从而提高沟道载流子的迁移率。但是,由于沟道厚度明显减小,导致量子阱能级增加,量子阱深度减小,从而降低了二维电子气密度,因此最低的载流子浓度为 2.29×10^{12} cm^{-2}。样品 4 的电子迁移率相对较低,究其原因是上势垒层较薄,杂质在界面上的散射增强,电子速度降低。样品 3 的测试结果表明折中片状载流子浓度为 2.56×10^{12} cm^{-2},电子迁移率约为 1.81×10^{4} cm^{2}/(V·s)。结果表明,二维电子气密度和电子迁移率通常是增减趋势相反的一对参数,即二维电子气密度的增加总是伴随着电子迁移率的降低。这可以解释为:随着二维电子气密度的增加,穿透 AlSb/InAs 界面的电子体积增大,导致界面晶格排列混乱,界面粗糙度散射效应更加明显。在这种情况下,界面处会发生电子动量弛豫,电子运动的方向和速度会发生变化,从而使电子迁移率显著降低。测试结果表明,很难同时获得二维电子气密度和电子迁移率的最佳值。因此,在实际应用中有必要对这两个参数进行取舍。

表 2 - 4　样品 HALL 测试结果

样品序号	载流子浓度/cm^{-2}	电子迁移率/(cm^{2}·V^{-1}·s^{-1})	电阻率/(Ω/□)
1	2.57E+12	15 776.53	147.00
2	2.29E+12	17 101.36	146.80
3	2.56E+12	18 088.44	152.83
4	2.81E+12	14 312.70	143.00

研究发现 InAs 沟道和 AlSb 势垒层的厚度会影响 InAs/AlSb 异质结外延的性能。一般来说,二维电子气密度和电子迁移率是相互冲突的参数。当沟道厚度从 15 nm 减小到 12 nm 时,电子迁移率从 1.77×10^{4} cm^{2}/(V·s)减小到 1.51×10^{4} cm^{2}/(V·s)。当上势垒层厚度从 15 nm 减小到 13 nm 时,片状载流子浓度从 2.57×10^{12} cm^{-2}增加到 2.91×10^{12} cm^{-2},电子迁移率发生显著变化降低到 1.43×10^{4} cm^{2}/(V·s);相反,当 AlSb 上势垒层厚度从 15 nm 增加到 17 nm 时,器件的折中片状载流子浓度为 2.56×10^{12} cm^{-2},电子迁移率为 1.81×10^{4} cm^{2}/(V·s)。因此,在保证器件性能的前提下最佳折中值为:沟道厚度为 15 nm,上势垒层厚度为 17 nm。

第三章 InAs/AlSb HEMTs 器件特性及工艺

由于 InAs/AlSb HEMTs 器件工艺复杂,目前国际上较为常见的 InAs/AlSb HEMTs 器件均采用传统肖特基栅结构来制备。肖特基 InAs/AlSb HEMTs具备结构较为简单、工艺可行性高等特点,但由于栅极没有氧化层阻挡,其漏电流较大。本章对传统肖特基 InAs/AlSb HEMTs 器件结构及工作原理进行介绍,对 InAs/AlSb HEMTs 器件特性进行仿真,对 InAs/AlSb HEMTs 器件工艺开展详细的研究,并完成器件制备。

3.1 器件结构及工作原理

肖特基栅 InAs/AlSb HEMTs 器件结构如图 3-1 所示。

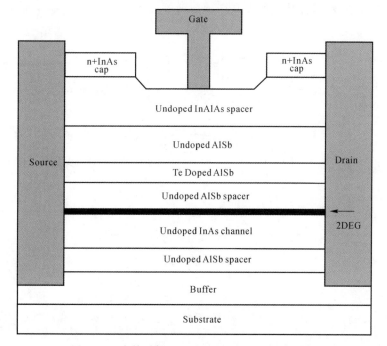

图 3-1 肖特基栅 InAs/AlSb HEMTs 器件结构

（1）肖特基栅 InAs/AlSb HEMTs 的衬底可以选用 InP 材料,其与缓冲层形成良好的晶格匹配,有利于提高器件的性能。然而 InP 材料成本较高且容易破碎,因此常用 GaAs 材料作为半绝缘衬底。相比于 InP,GaAs 衬底成本较低且具备良好的工艺稳定性,但其与缓冲层的匹配程度稍逊于 InP。因此选择衬底材料需要根据实际应用场景来进行。

（2）肖特基栅 InAs/AlSb HEMTs 的缓冲层材料一般为 InAlAs。为了进一步提高衬底与 InAs 沟道材料的晶格匹配程度,通常在 InAlAs 缓冲层上淀积一层 AlSb 材料作为附加缓冲层。

（3）在 AlSb 缓冲层上淀积 InAs 材料作为沟道,之上为 AlSb 层,InAs 和 AlSb 形成良好的异质结构。InAs/AlSb HEMTs 中用来输运载流子的二维电子气则在异质结偏 InAs 一侧产生。将 AlSb 上层做掺杂,以便提高沟道中的载流子浓度,之后再淀积一层 AlSb 上势垒层,对沟道中的载流子浓度进行进一步限制。

（4）采用 InAlAs 作为保护层,可以进一步将载流子限制在沟道中。InAlAs 层的价带结构能够使其成为有效的空穴阻挡层,以弥补 AlSb 上势垒层价带不能对空穴形成有效阻挡的缺陷,这将对 InAs/AlSb HEMTs 器件的栅极漏电具有一定的抑制作用。其能带结构如图 3-2 所示[44]。同时 InAlAs 直接与栅金属接触形成肖特基栅,InAlAs 禁带宽度较大,有利于金属-半导体界面形成较高的肖特基势垒,对器件特性的提高产生帮助。

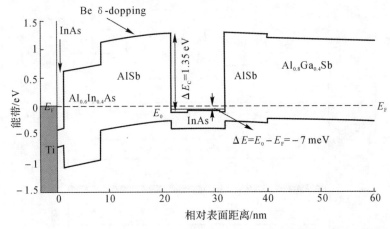

图 3-2　插入 InAlAs 层后的材料能带结构[44]

（5）重掺杂 InAs 为器件的帽层,源漏生长将在帽层上进行。待源漏欧姆接触制备完成后,源漏间的 InAs 材料将被完全刻蚀,形成栅槽,以便后续栅极生长。

(6)栅金属可采用传统的铝电极,但为了更好地提高栅极性能,也可以选用 Ti/Pt/Au 叠层金属结构。其中金属 Ti 具备很好的黏附性,可以有效地抑制半导体中的物质粒子引入缺陷进入金属电极中,其作用相当于引入了一层很好的阻挡层;中间的 Pt 金属可以防止上层的 Au 金属粒子进入半导体,抑制了由此产生的缺陷和污染;最上层选取接触电阻较小的 Au 金属,以便提高电流的输运能力[24-26]。

当栅极外加电压时,栅接触界面处半导体能带发生弯曲形成肖特基势垒,肖特基势垒下方耗尽区的分布情况随着栅极电压的改变而改变,从而调节二维电子气的浓度,产生沟道电流。也就是说,势阱中的二维电子气浓度受控于栅极下面的肖特基势垒,当栅极的负压达到足够大时,电子势阱中的二维电子气在肖特基势垒的作用下完全耗尽,源漏间没有电流流过,器件关断。

3.2　InAs/AlSb HEMTs 器件特性及机理

由于 InAs 沟道材料禁带宽度(仅有 0.35 eV)很窄,和其异质结的Ⅱ类交错式能带结构导致器件的栅极漏电效应显著。对于目前通常采用的肖特基栅结构更是如此,虽然其制备工艺较为纯熟,但由于缺少有效的栅极氧化层阻挡,器件栅极漏电非常大,这将导致器件静态功耗大幅增加,并使器件可靠性严重恶化。另外,InAs/AlSb HEMTs 沟道中的载流子容易在高电场下与晶格原子发生碰撞,产生多余的电子空穴对,即产生碰撞离化效应,部分空穴穿越上层势垒从栅极流出,形成了空穴栅极漏电流,剩余空穴则受缓冲层和沟道的价带能量势垒的影响积累在缓冲层中靠近栅-漏的一侧,使得栅极的电子密度增加,沟道漏电流上升,出现 Kink 效应。器件的碰撞离化效应与频率强相关,在 10 GHz 频率以下表现得非常明显[43],对器件的射频性能造成显著影响并使噪声性能严重恶化。

3.2.1　碰撞离化效应特性

当偏置电压达到一定程度时,InAs/AlSb HEMTS 将发生显著的碰撞离化效应。碰撞离化效应的具体发生过程如下[43,46]:随着外加电压的增加,沟道中的载流子具备足够的能量,载流子与晶格原子发生碰撞,会产生多余的电子空穴对,其中部分空穴形成了栅极漏电流,而剩余空穴则受缓冲层和沟道的价带能量势垒的影响积累在缓冲层中靠近栅-漏的一侧,造成栅极处的电子密度增加,沟道更容易被打开,这将使沟道漏电流上升,使得沟道电流不再随外加电压的升高呈现饱和状态,即发生 Kink 效应[21-22],其在直流特性上的表现如图 3-3 中所测得的传输特性 I_{ds}-V_{ds} 曲线所示。

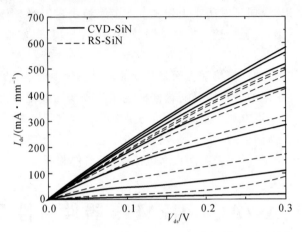

图 3-3　碰撞离化效应对 I_{ds}-V_{ds} 曲线影响的示意图[31]

碰撞离化效应与载流子数量、漏电流、载流子能量和最大电场强度相关,需要在足够强的电场以及较宽的空间电荷区内产生。如果空间电荷区的宽度大于两个离化之间的平均自由程,会产生电荷累积而导致电击穿。这个平均自由程的倒数称为电离系数 α,其产生率如下:

$$G^{\parallel} = \alpha_n n \nu_n + \alpha_p p \nu_p \tag{3-1}$$

其中

$$\alpha(F) = \gamma a \, e^{-\frac{b}{F}} \tag{3-2}$$

因此,对于 InAs/AlSb HEMTs,由于 InAs 沟道的禁带宽度非常窄(只有 0.35 eV),器件更容易发生碰撞离化效应,这将产生另一个正向反馈的机制,即没有离开栅极的空穴在 InAs 沟道和 AlSb 势垒层的栅-源一侧区域发生积累,从而吸引更多的离化电子,产生更多的空穴。这一正向反馈机制增加了碰撞离化效应对器件的影响。

碰撞离化效应与频率强相关。一般来说,对于 InAs/AlSb HEMTs 器件,碰撞离化效应在 10 GHz 频率以下表现得非常明显,但随着频率的继续增加,其对器件性能的影响逐步减弱。当频率升高到 15 GHz 以上时,碰撞离化效应的影响可忽略不计。在低频处,碰撞离化效应将恶化器件的增益和噪声,但会增加器件的跨导和输出电导。参考文献[43]给出了碰撞离化效应对器件的跨导和输出电导影响的测量结果,如图 3－4 所示。可以发现在 10 GHz 频率以下,碰撞离化效应使得器件的跨导和输出电导呈现出明显的抬升。除此之外,碰撞离化效应对器件的漏源电容 C_{ds} 和栅源电容 C_{gs} 也会产生影响。当碰撞离化效应发生时,C_{ds} 将会有所降低,相反地,C_{gs} 则会明显提高,如图 3－5 所示。

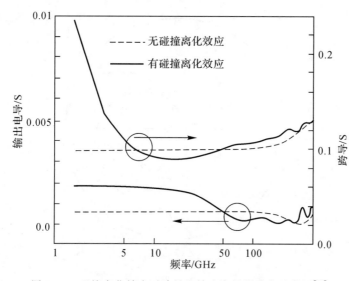

图 3－4　碰撞离化效应对跨导和输出电导影响的示意图[29]

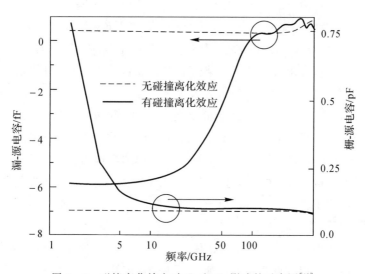

图 3－5　碰撞离化效应对 C_{ds} 和 C_{gs} 影响的示意图[43]

　　对于 S 参数而言,碰撞离化效应将使 S_{22} 在低频部分呈现感性,这是碰撞离化效应在 RF 性能上最明显的表现。如图 3 - 6 所示,参考文献[44]中的 InAs/AlSb HEMTs 在 3 GHz 以下的 S_{22} 呈现出非常明显的感性,表明碰撞离化效应在低频时十分显著。

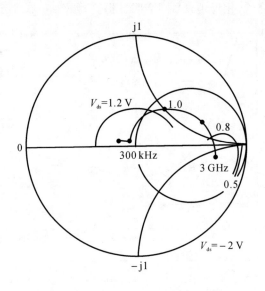

图 3 - 6　碰撞离化效应对 S_{22} 影响的示意图[27]

　　碰撞离化效应的抑制方法一直是 InAs/AlSb HEMTs 器件的研究热点。

　　1995 年,B. Brar 发现由碰撞离化效应产生的空穴向衬底方向隧穿导致沟道中产生附加电流,提出可在量子阱结构下方插入 p 型 GaSb 材料的思路,以抑制空穴向衬底方向隧穿[90]。B. Brar 等人提出在量子阱下方插入 p 型 GaSb 以抑制碰撞电离效应(碰撞电离后产生的空穴进入 AlSb 缓冲层后可能产生有害的俘获效应)。至于俘获效应,在 InAs 沟道中,热电子产生的碰撞电离电流仅占 InAs 晶体管常见有害漏电流增加的一小部分。漏极电流的增加更多是由于反馈机制:随着栅极电压的增加,逃逸到衬底中的空穴充当带正电的寄生背栅,其在栅极-漏极侧累积,改变沟道电位分布并增加漏极电流。此外,栅极收集的空穴也增加了栅极泄漏电流。

　　1998 年,J. B. Boos 等人提出在传统 InAs/AlSb 异质结外延结构中插入副沟道,使热电子可以在获得足够动能和发生碰撞电离之前从主通道进入副通道,从而抑制碰撞离化效应的思路[91]。J. B. Boos 等人提出在传统 InAs/AlSb 模型的外延层中插入副沟道以抑制碰撞电离效应。通过调整器件沟道和势垒的结构,并将副沟道插入下势垒层,沟道由于量子化而具有更大的有效带隙,使得热电子可以在获得足够的动能和电离碰撞之前从主沟道进入二次沟道。同时,两通道 InAs/AlSb-HEMT 具有更高的电流增量跃迁频率和更好的电荷控制性能。当选择适当的子信道厚度时,且当 $V_{gs}=0$ V 时,其最低子电平 E'_0 略高于主信道层的第二子电平 E_1,并且子信道的最低子电平与主信道的差(E'_0-E_0)小于主信道的有效带宽。当器件处于负栅偏压时,E_1 和 E'_0 之间的间距将减小。当 E_1 和 E'_0 能级对处于开启状态时,电子从 E_1 到 InAs 通道的共振概率将大大增加。带有子通道的 InAs/AlSb HEMTs 的能带如图 3-7 所示。此外,电子也可以通过非相干隧道从主通道转移到子通道,导致热电子在获得足够的动能进行碰撞和电离之前从主通道移动到次通道。

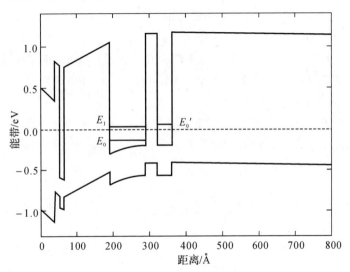

图 3-7　具有子通道的 InAs/AlSb HEMT 的能带(J. B. Boos 等,1998 年)

2000 年,M. J. Yang 提出以 InAsSb 作为沟道材料,通过调整 $InAs_{1-x}Sb_x$ 的元素比例,使其与 AlSb 材料形成异质结 I 类交错式能带结构,能够限制大量空穴的产生,从而抑制碰撞离化效应[92];2004 年,H. K. Lin 提出使用拥有更大禁带宽度的 InAsP(InAlAs)副沟道结合 InAs 主沟道的方法抑制碰撞离化效应[108-109]。

在对上述多种基础结构 InAs/AlSb HEMTs 器件进行仿真后发现,以上方法在抑制碰撞离化效应的同时对器件沟道二维电子气浓度产生显著影响,且不同结构尺寸的外延材料和器件对二维电子气浓度影响差别明显,如图 3-8 所示。

□ 传统结构添加上势垒Si掺杂　　　　□ 传统结构添加InAs副沟道　　　　□ 传统结构添加Si掺杂GaSb薄层

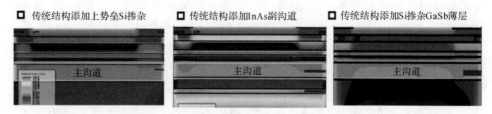

图 3-8　不同结构尺寸的外延材料器件对二维电子气浓度影响的仿真示意图

3.2.2　栅极漏电特性

肖特基栅 InAs/AlSb HEMTs 器件中,InAlAs 材料作为栅接触层与栅金属形成肖特基栅结构。虽然 InAlAs 作为阻挡层可以在一定程度上阻挡空穴形成栅极漏电流,但其阻挡程度有限。由于缺少有效的栅极氧化层阻挡,栅极漏电非常大[43,46],这将导致器件的功耗大大增加,同时导致器件可靠性能变差,非常不利于电路集成度的提高。

InAs/AlSb HEMTs 的栅极漏电主要由两部分贡献,第一部分是由电子产生的肖特基漏电,第二部分是由碰撞离化产生的空穴漏电[43],如图 3-9 所示。因此总的漏电流 I_G 可以表示为

$$I_G = I_{Ge} + I_{Gh} \tag{3-3}$$

其中:I_{Ge} 为肖特基漏电;I_{Gh} 为碰撞离化空穴漏电。下面对两种栅极漏电机理进行分析研究。

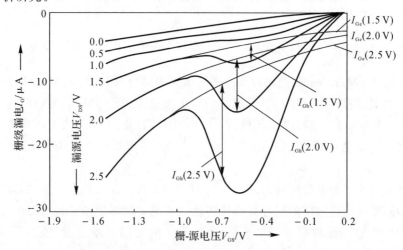

图 3-9　InAs/AlSb HEMTs 栅极漏电性能示意图[43]

1. 肖特基漏电流机理研究

肖特基漏电机理可以通过热电子发射模型来解释[47]。热电子发射模型是一种非常常见的漏电模型，其漏电与温度成正比，因此在较高的温度下，热电子发射模型更加重要。对该模型已经有了较为成熟的研究，当半导体（金属）能级上的电子具备足够的能量时，能够克服势垒层的阻挡而翻越势垒层，可以在金属和半导体间自由地流动从而形成电流。热电子发射必须具备以下条件，即电子的平均自由程远大于势垒宽度，同时能量高于势垒的高度。热电子发射的表达式为

$$
\left.
\begin{aligned}
I_{\mathrm{TE}} &= I_0 \left\{ \exp\left[\frac{q(V - IR_{\mathrm{s}})}{nkT} \right] - 1 \right\} \\
I_0 &= SA^* T^2 \exp\left(-\frac{q\phi_{\mathrm{B}}}{kT} \right) \\
A^* &= \frac{4\pi q m_{\mathrm{n}}^* k_0^2}{h^3}
\end{aligned}
\right\}
\tag{3-4}
$$

其中：A^* 有效理查森系数，定义为 $A^* = A \times m_{\mathrm{n}}^* / m_0$，$A = 120 \ \mathrm{A}/(\mathrm{cm}^2 \cdot \mathrm{K}^2)$；$k_{\mathrm{B}}$ 为玻尔兹曼常数；n 为理想因子；T 为热力学温度；m^* 为外延层材料的有效电子质量；R_s 为模型总的串联电阻；S 为电极的面积；ϕ_{B} 为势垒高度。

根据式（3-4）发现，热电子发射引入的漏电流受势垒高度的影响较大，但是与势垒的形状无关。另外，其受温度影响较大，与温度成正比。由于肖特基InAs/AlSb HEMTs 缺少有效的栅氧化层，其势垒高度较低，电子将很容易翻越势垒，形成很大的肖特基栅极漏电。

2. 碰撞离化漏电流机理研究

由于碰撞离化效应，InAs/AlSb HEMTs 器件的沟道中会产生大量的空穴，而 InAs/AlSb HEMTs 的沟道层和栅电极之间没有有效的空穴势垒（虽然InAlAs 的阻挡层能够起到一定的空穴阻挡作用，但阻挡效果有限），导致从沟道到栅电极存在着明显的空穴电荷输运通道，这将造成大量的空穴从栅极泄漏，产生空穴漏电流 I_{Gh}。其表达式如下：

$$
I_{\mathrm{Gh}} = I_D \times \chi(E) \times L_{\mathrm{eff}}(E) \times T_{\mathrm{h}}(E)
\tag{3-5}
$$

其中：$\chi(E)$ 为单位长度碰撞离化率；$L_{\mathrm{eff}}(E)$ 为高场区的有效长度；$T_{\mathrm{h}}(E)$ 为载流子隧穿概率。空穴漏电流最明显的特征即是在 $I_G - V_{\mathrm{GS}}$ 的测试曲线上呈现出 bell 形状[43]。如图 3-7 所示，该 InAs/AlSb HEMT 在 V_{ds} 大于 2 V 且 V_{gs} 在 $-0.7 \sim -0.4$ V 范围内呈现出明显的 bell 形状，表明器件该偏置条件下由碰撞离化产生的空穴漏电十分显著。

3.2.3　噪声特性

噪声是一个随机的过程,噪声的瞬时幅值不能预测,但可以预测其平均功率。因此,引入噪声功率谱 $S(f)$ 的概念。它表示单位频带内的电流或者电压均方值,单位是 dBm/Hz。引入功率谱可以避免叠加时相位的不确定性。

以电流功率谱表示的噪声功率为 $p_1 = \int_{f_2}^{f_1} S(f)\mathrm{d}f$,它是用电流量表示的功率谱密度在频带 $f_1 \sim f_2$ 内的积分值。以电压量表示的噪声功率为 $p_v = \int_{f_2}^{f_1} S_v(f)\mathrm{d}f$,它用电压量表示的功率谱密度在频带 $f_1 \sim f_2$ 内的积分值。也常用噪声电流均方值 $\overline{I}_n^2$ 和噪声电压均方值 $\overline{V}_n^2$ 表示频带 $f_1 \sim f_2$ 内单位电阻上的噪声功率。

HEMTs 噪声理论的研究为噪声模型的建立提供了理论基础,同时从器件设计来讲,通过噪声源的分析可以明确用何种方法来有效降低噪声。InAs/AlSb HEMTs 的噪声源按照产生位置可分为本征噪声与寄生噪声两个部分,其中本征噪声主要是指器件内部产生的栅极感应噪声、漏极沟道噪声及低频噪声,寄生噪声主要是指寄生电阻的热噪声。如果按照噪声类型来分则包括闪烁噪声、热噪声和散粒噪声,其中闪烁噪声又称为 $1/f$ 噪声,其功率谱密度与频率成反比,因此,在射频应用情况下可以不予过多考虑。对于主要应用于射频 LNA 的 InAs/AlSb HEMTs,主要应考虑热噪声和散粒噪声对器件的影响[22]。

1. 热噪声(也称为约翰逊噪声)

载流子在半导体材料内部做无规则的热运动。载流子在各方向的运动并不完全相同,而将产生某种起伏的状态,在外加电压存在的情况下,由该种热运动产生的无规则变化的弱小电流会叠加在由外加电场产生的规则电流上,这部分微小电流的无规则叠加便产生了噪声,即热噪声。由热运动产生的电流起伏流过电阻,使得电阻上产生噪声电压和噪声功率,且噪声电压和噪声功率的幅值与电阻的阻值成正比,即

$$\left.\begin{aligned} \overline{V}_n^2 &= 4kTR(\Delta f) \\ \overline{I}_n^2 &= \frac{4kT}{R}(\Delta f) \end{aligned}\right\} \tag{3-6}$$

由于 HEMT 沟道可以看作是漏极电压控制的电阻,因此在源漏之间的沟道将产生沟道热噪声,其表达为

$$\overline{i}_d^2 = 4kT\gamma g_{d0}\Delta f \tag{3-7}$$

其中:k_B 是玻尔兹曼常数;T 为温度;g_{d0} 为沟道电导;f 为频率带宽;γ 为漏极热噪声系数。

除了漏极沟道电流噪声以外,沟道电荷的热激励还将在栅极产生一定的热

噪声,即栅极热噪声。波动的沟道电势通过栅源、栅漏电容耦合到栅端,将在栅极引入一个栅噪声电流,如图 3 - 10 所示,其表达式为

$$\overline{i_g^2} = 4kT\delta g_g \Delta f \qquad (3-8)$$

其中,g_g 为栅极电阻,其值可根据下式进行计算(δ 为栅极热噪声系数):

$$g_g = \frac{\omega^2 C_{gs}^2}{5g_{d0}} \qquad (3-9)$$

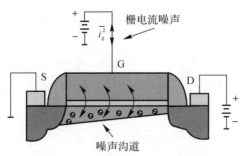

图 3 - 10　感应的栅噪声示意图

2. 散粒噪声

在外加偏置电压的情况下,晶体管的热平衡状态被打破,将有电流流过。这将产生另外一种噪声,即散粒噪声。散粒噪声是由电子发射不均匀所引起的。对于 InAs/AlSb HEMTs,散粒噪声主要体现在栅极上,其对温度不敏感,功率谱密度大小与工作电流成正比。载流子经过 PN 结时产生散粒噪声,其由并联的电流源 $\overline{i_n^2} = 2qI$ 表示,其中 q 为电子电荷电量 1.6×10^{-19} C。

3. 闪烁噪声(Flicker Noise, $1/f$ Noise)

闪烁噪声产生的原因之一是晶格的缺陷,闪烁噪声和频率成反比,因此又称为 $\frac{1}{f}$ 噪声。

3.3　InAs/AlSb HEMTs 器件性能仿真

器件仿真选用 SILVACO - TCAD 软件。设备模拟中使用的主要物理模型和方程如下:

(1)半导体基本方程:位移电流方程、泊松方程、传输方程、载波连续性方程等。

(2)边界物理:绝缘体接触、肖特基接触、分布电阻接触、欧姆接触、上拉元件触点等。

(3)物理模型:碰撞电离模型、铁电介电常数模型、载波生成组合模型、带隧

穿模型、流动模型、门电流模型等。

仿真结构选用传统的 InAs/AlSb HEMTs 结构,如图 3-11 所示。衬底由 GaAs 组成,缓冲层由 200 nm GaAs 和 700 nm $Al_{0.7}Ga_{0.3}Sb$ 组成。采用50 nm 的 AlSb 间隔层作为附加缓冲层,改善了 InAs 沟道与衬底的晶格匹配。上势垒由 8 nm 的 AlSb 层、4 nm 的 InAs 层和 5 nm 的 AlSb 层组成,在沟道和上势垒之间形成二维电子气。采用 6 nm 的 $InAl_{0.5}As_{0.5}$ 层作为阻挡层,以防止漏电流的产生,并防止栅的腐蚀。SiN 是保护整个器件的钝化层。

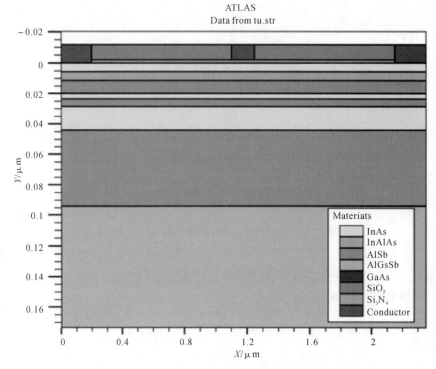

图 3-11　传统的 InAs/AlSb HEMTs 结构

InAs/AlSb HEMTs 的能带模拟如图 3-12 所示。各能带对应的结构已标在图中。InAs 沟道的导带能量约为 -0.041 3 eV,价带能量约为 -0.391 eV,可得沟道的带隙仅为 0.35 eV,这有利于器件沟道中的载流子获得足够的能量。

图 3-13 和图 3-14 分别为电子浓度和空穴浓度的模拟图,利用 Tonyplot 中的工具"标尺"记录了 InAs 沟道中的最大电子浓度约为 2.51×10^{17} cm^{-3}。利用 Tonyplot 中的工具"cutline"和"integrate",沿"$x=1.175$"线(在 ATLAS 器件模拟过程中,第一步便是定义网格以进行后续定义,ATLAS 通过状态 x 网格、y 网格及其相应的参数位置和间距共同定义网格,$x=1.175$ 线即为图中横

坐标值为 1.175 的线,处于栅极正下方)的二维电子浓度为 3.24×10^{12} cm^{-2}(见图 3-15),二维电子浓度为 1.59×10^{11} cm^{-2}(见图 3-16)。

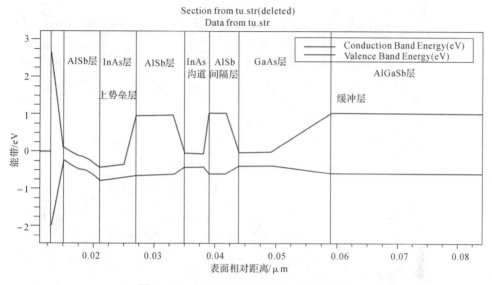

图 3-12　InAs/AlSb HEMTs 的能带模拟

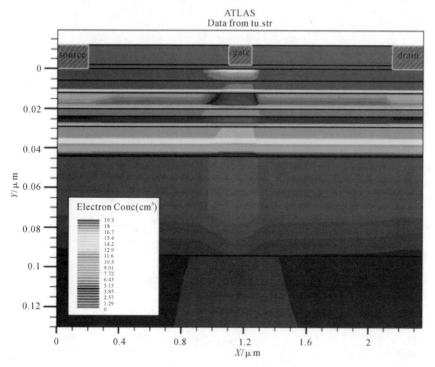

图 3-13　子浓度及其随深度变化的模拟

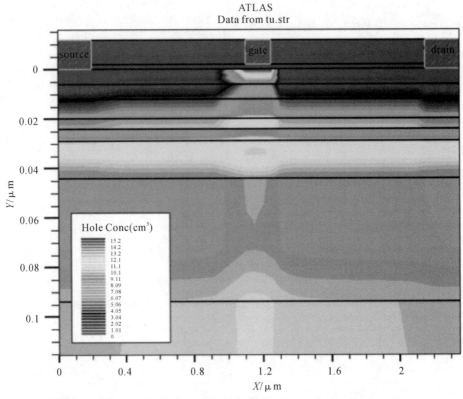

图 3-14　空穴浓度模拟

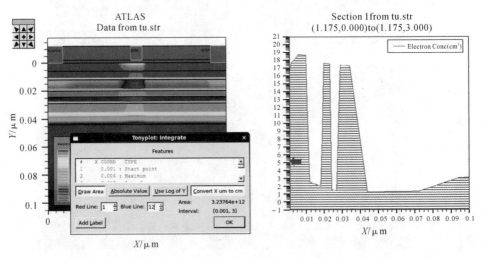

图 3-15　二维电子浓度积分

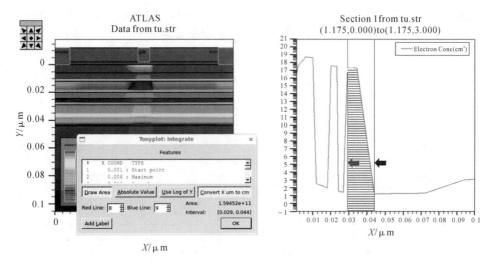

图 3 - 16　二维电子浓度积分

3.4　InAs/AlSb HEMTs 制备工艺研究

下面对本次 InAs/AlSb HEMTs 制备过程中的材料生长和制备工艺进行介绍。

InAs/AlSb HEMTs 器件制备由台面隔离、源漏欧姆接触、栅工艺（栅槽刻蚀、肖特基栅接触）等具体工艺步骤来实现，其示意图如图 3 - 17 所示。下面分别对该四个工艺步骤进行说明。

3.4.1　台面隔离工艺

台面隔离是 InAs/AlSb HEMTs 器件制备的第一个关键工艺，其可对同一个晶元（wafer）上的各器件形成有效的电学隔离。常用的台面隔离方法分为湿法腐蚀和干法腐蚀两种。其中湿法腐蚀是用化学腐蚀液将待隔离区域的材料腐蚀溶解，以达到不同区域的隔离作用。本书试验即采取了湿法腐蚀。

在腐蚀之前，首先需要对晶圆进行清理，以便消除晶圆表面的缺陷和划痕，保证晶圆表面光滑平整，为后面的湿法腐蚀的均衡进行提供良好的基础。清洗后晶圆的光学显微镜拍摄图如图 3 - 18 所示，可见晶圆表面十分光洁。

台面腐蚀液选用 H_3PO_4 与 H_2O_2。其中，H_2O_2 作为氧化剂与 InAs 发生氧化反应,破坏 In-As 化合键,生成 In-O 和 As-O 氧化物;H_3PO_4 作为酸与 In-O 和 As-O 发生反应,使其溶解。反应的化学方程如下:

$$InAs + oxidizer \longrightarrow InO_X + AsO_X$$

$$InO_X + AsO_X + H^+ \longrightarrow In^{3+} + AsO_2^- + H_2O \tag{3-10}$$

H_3PO_4 与 H_2O_2 腐蚀液需要先去离子水稀释,以便调节台面腐蚀速率。其中 H_3PO_4、H_2O_2 和水的比例为 5∶3∶100,整个腐蚀在室温下进行。

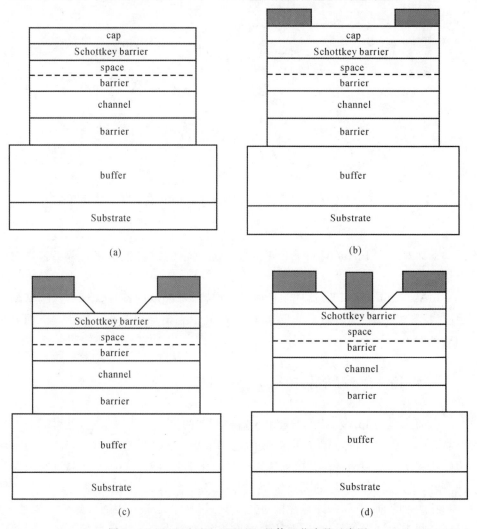

图 3-17 InAs/AlSb HEMTs 具体工艺步骤示意图

(a)步骤一 台面隔离示意图; (b)步骤二 源漏欧姆接触示意图

(c)步骤三 栅槽刻蚀示意图; (d)步骤四 肖特基栅接触示意图

如图 3-17 所示的材料结构,需要腐蚀到 InAlAs 缓冲层以便完全阻断各区域的电学连接,因此腐蚀深度需要控制在 100～800 nm 范围内。由于腐蚀过深将增加器件折断的风险,因此选取 100～200 nm 为最佳腐蚀深度。腐蚀速率为 60 nm/min,因此腐蚀时间在 1.5～3 min 比较合适。本实验中选用了 120 s (2 min)的腐蚀时间,腐蚀深度大约为 120 nm。

图 3-18 清洗后圆片表面

图 3-19 为台面腐蚀后用电镜扫描观察得到的照片,图中腐蚀后的台面清晰可见,但腐蚀边缘并不十分平整,存在很小的台阶,这是湿法腐蚀自身的缺点造成的。由于湿法腐蚀使用化学腐蚀方法,其横向腐蚀性较差,很难控制一致性和各向同相性,因此得到的腐蚀图形精确度不高,但基本可以满足本次实验对台面质量的要求。

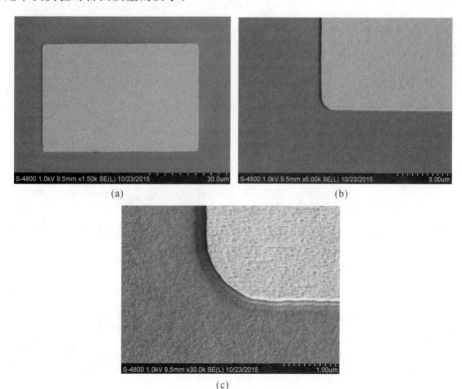

(a)　　　　　　　　　　　(b)

(c)

图 3-19 台面腐蚀后扫面电镜照片

3.4.2　源漏欧姆接触工艺

在半导体表面通过电子束蒸发或者溅射的方法淀积金属,然后通过某种方法使金属和半导体形成良好的接触,即为欧姆接触。源漏电极的制备就是欧姆接触的制备。InAs/AlSb HEMTs 的欧姆接触应该具备非常小的接触电阻,使得由接触电阻产生的压降远小于器件本身的压降,器件的 $I-V$ 特性不受其影响。同时欧姆接触需要具备良好的热稳定性和界面平坦性。提高欧姆接触的质量可以有效降低器件功率损耗,提高器件跨导 g_m、截止频率 f_T 和最大振荡频率 f_{max}[48,52]。因此欧姆接触的制备在整个 InAs/AlSb HEMTs 工艺过程中占据十分重要的位置。

欧姆接触可以通过合金法或非合金法来实现。其中合金法就是将金属淀积在半导体表面后进行退火,通过温度的快速升降使金属和半导体合金化以便形成良好的欧姆接触。对于 InAs/AlSb HEMTs 而言,在外延材料的帽层 InAs 材料上用合金方法来实现欧姆接触相对比较容易,但由于器件的工作电压很低,欧姆接触对器件性能将产生非常明显的影响。

InAs/AlSb HEMTs 欧姆接触制备流程如图 3-20 所示,具体分为曝光、显影、淀积金属、剥离四个步骤,之后在氮气的环境下进行 300℃退火,退火时间为 30 s。欧姆金属选用 Ni/Au/Ni/Au(10 nm/100 nm/50 nm/100 nm)。

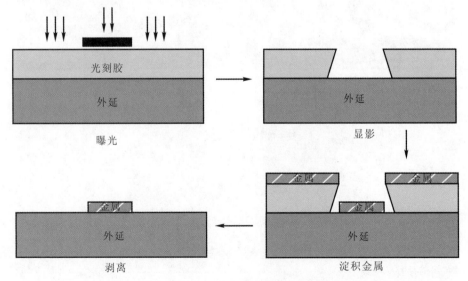

图 3-20　金属剥离工艺

欧姆接触电阻可以用传输线模型 TLM 方法得到[52,56]，TLM 图形如图 3-21所示。使用 keithley4200 探针测试台 TLM 测试结果如图 3-22 所示，L 为金属块间距离，R 为相邻金属块电阻。对 $L-R$ 数据进行线性拟合，发现 $2R_C$ 为 5 Ω，斜率为 1.83 Ω/μm。计算得传输电阻为 0.25 Ωmm，比接触电阻 $\rho_c = 3.15 \times 10^{-6}$ Ω·cm^2。

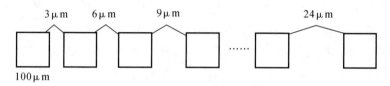

图 3-21　欧姆接触的版图尺寸

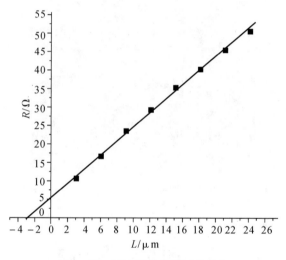

图 3-22　欧姆接触的测试点拟合

3.4.3　栅工艺

肖特基栅的制备是 InAs/AlSb HEMTs 器件制备中最为关键的工艺步骤，其质量直接决定着器件的栅控能力和可靠性。栅工艺主要包括栅槽刻蚀和栅金属淀积两个步骤，下面对栅工艺进行讨论。

InAs/AlSb HEMTs 的栅直接与保护层 InAlAs 层相连形成肖特基接触。因此需要先将 InAlAs 层上方源漏之间区域的 InAs 帽层去除以形成栅槽并以避免栅与源漏直接相连，同时可以减小栅到沟道的距离，增加栅控能力。InAs

帽层材料的去除可以选择干法刻蚀或者湿法刻蚀。由于位于 InAs 帽层下的 InAlAs 层很薄,若使用干法刻蚀会很容易对其造成损伤,因此本次试验中选择了湿法刻蚀。腐蚀液选用柠檬酸＋过氧化氢,该腐蚀液对 InAs 有很强的腐蚀作用,同时又能与 InAlAs 表面形成 Al_2O_3 氧化层,阻止腐蚀液继续继续向内腐蚀。将柠檬酸晶体与去离子水按照 1 g：1 mL 的比例进行混合形成柠檬酸溶液,然后将柠檬酸溶液和过氧化氢按照体积比 1：1 的比例进行混合,该腐蚀液对 InAs 可以产生约 90 nm/min 的腐蚀速率。

栅槽腐蚀完成之后,利用栅板将栅图形进行光刻,再通过电子束蒸发淀积 Ti/Au(70 nm/100 nm),再对栅金属进行剥离工艺。栅工艺完成后,InAs/AlSb HEMTs 的器件基本制备完成,其表面的扫描电镜图如图 3-23 所示。

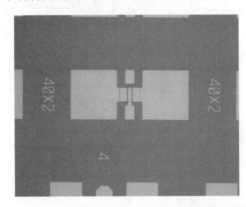

图 3-23　InAs/AlSb HEMTs 表面的扫描电镜图

3.5　测试结果分析

按照前面讨论的制备工艺,对 InAs/AlSb HEMTs 进行制备。本次制备器件栅宽为 2×30 μm,栅长为 40 nm,源漏间距为 1.7 μm。测试结果表明该器件具备初步的直流特性,填补了国内 InAs/AlSb HEMTs 成品的空白。然而由于该研究刚刚起步,工艺条件尚不成熟,且设计经验并不充分,所以制备的 InAs/AlSb HEMTs 器件的直流特性相比国外的研究报道较差。下面对所得测试结果进行分析。

(1)由于 InAs/AlSb HEMTs 器件沟道禁带宽非常窄,因此在漏压较大的情况下非常容易击穿,因此测试过程中漏压 V_{ds} 不宜选取过大。本书中的 InAs/AlSb HEMTs 的传输特性曲线如图 3-24 所示,其中漏压 V_{ds} 测试范围为 0～

0.5 V,栅压 V_{gs} 从 -1.4 V 到 0 V 之间以 0.2 V 的步进变化。测试结果表明在偏置条件为 $V_{ds}=0.3$ V, $V_{gs}=-0.8$ V 时,漏极电流 I_d 为 45 mA/mm,这与参考文献[11][12]中报道的器件漏极电流值相比较低,但 I_d - V_{ds} 曲线趋势大致相同,即漏极电流 I_d 随着漏极电压 V_{ds} 的增加而增加。随着 V_{ds} 的持续增加, I_d 曲线并不饱和,而是出现了一定程度的上翘(Kink 效应),这是由器件的碰撞离化效应影响引起的,其具体原理已经在 3.2.1 节中行了详细分析。

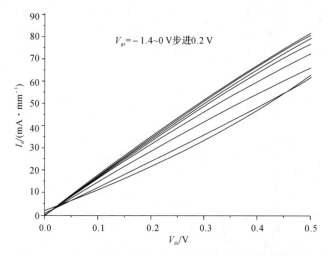

图 3 - 24　InAs/AlSb HEMTs 器件传输特性曲线测试结果

（2）InAs/AlSb HEMTs 器件在 $V_{ds}=0.3$ V 时的传输特性曲线和跨导曲线分别如图 3 - 25(a)(b)所示,跨导 G_m 最大值出现在栅压 $V_{gs}=-1.1$ V 附近,为 30.5 mS/mm。

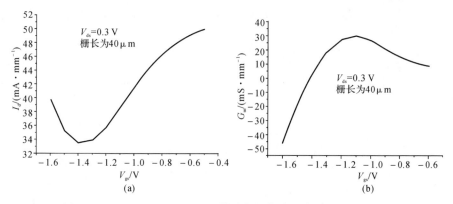

图 3 - 25　InAs/AlSb HEMTs 转移特性曲线和跨导 G_m 测试结果

(3)图 3-26 为 V_{ds}＝0 V 时器件的栅极漏电 I_G 测试结果。表明在漏极电压为 0 V 时，所制备的 InAs/AlSb HEMTs 依然存在着明显的栅极漏电，当栅压 V_{gs} 在－0.8～0 V 范围内变化时，I_G 控制在 10 μA 之内，这与目前所报道的 InAs/AlSb HEMTs 栅极漏电水平相当[21-22]，但相对于其他 HEMT 而言，其栅极漏电非常严重。这是因为按照 3.2.2 节中所讨论的栅极漏电主要包括肖特基漏电和空穴漏电，InAlAs 与栅金属形成肖特基接触，其界面势垒较低，将产生较大的肖特基电流。另外，虽然 InAlAs 作为阻挡层可以在一定程度上阻挡空穴形成栅极漏电流，但阻挡程度有限，导致总的栅极漏电偏大。严重的栅极漏电将大大增加器件的功耗，同时使器件可靠性产生恶化，非常不利于电路集成度的提高。

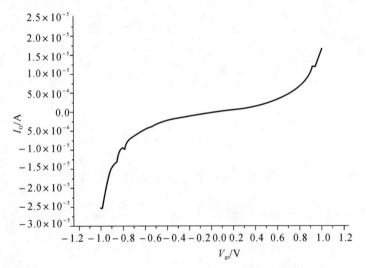

图 3-26 InAs/AlSb HEMTs 栅极漏电测试结果

第四章 InAs/AlSb MOS – HEMTs 基础研究

按照第三章内容,由于传统的肖特基栅 InAs/AlSb HEMTs 呈现出显著的栅极漏电,这将导致器件的功耗大大增加,同时导致器件可靠性严重恶化,非常不利于电路集成度的提高。

绝缘型栅的提出和广泛应用是降低漏电的有效方法。在金属电极和半导体间加入绝缘层,绝缘层作为电子和空穴的阻挡层,即在金属和半导体间引入了阻碍层,提高了势垒,阻碍了电子和空穴在金属和半导体间运动,有效降低了器件的漏电。以研究的 InAs/AlSb HEMT 器件为例,在其他条件一致的情况下,含有 10 nm 厚的 HfO_2 介质绝缘型栅结构的漏电比肖特基栅结构降低了两个数量级[79],这在很大程度上提升了器件性能。因此期望能够选取隔离栅结构来取代肖特基栅,从而降低栅极漏电对器件的影响[57,62]。

将高 k(high – k)介质氧化层淀积在 InAlAs 保护层与栅金属之间形成 InAlAs/high – k/metal MOS 电容,其可作为一种有效抑制栅极漏电的隔离栅结构。因为选用 MOS 电容栅结构,所以习惯性地将其称为 InAs/AlSb MOS – HEMTs,其结构示意图如图 4 – 1 所示。

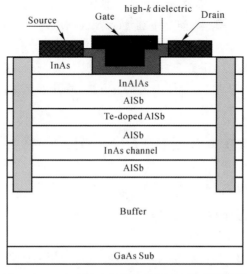

图 4 – 1 InAs/AlSb MOS – HEMTs 结构示意图

通过在金属电极和半导体间加入绝缘层以形成 MOS 电容隔离栅结构,可以有效降低肖特基栅器件表现出来的极大漏电[25-26]。传统的隔离栅介质层选用 SiO_2 材料,但随着电路集成度提高和摩尔定律的不断提升,在 45 nm 工艺节点下的工业生产中要求栅介质层的等效厚度(EOT)必须小于 3 nm,此时 SiO_2 材料的直接隧穿效应将引起严重的栅极泄漏电流,同时栅介质层将承受更大的电场从而引起栅极漏电流强度持续增加,器件可靠性将受到极大挑战。采用高 k 介质材料可以在不引起电容特性降低的前提下使栅介质层的物理厚度足够大,以改善漏电流和杂质扩散等现象。常见的高 k 介质种类繁多,如 Al_2O_3、TiO_2、HfO_2 等,目前国际上许多研究机构和半导体公司都投入了大量的人力和财力进行硅基高 k 介质的研究并取得了一定的成绩。目前高 k/Ⅲ-Ⅴ族化合物的研究绝大部分研究集中在高 k/GaAs、高 k/InAs 等常用于衬底和沟道的材料结构上[35]。InAs/AlSb HEMTs 器件的保护层为 InAlAs 材料,因此作为隔离栅氧化物的高 k 介质需要在 InAlAs 材料上生长,但目前单独研究高 k/InAlAs 结构的文献非常有限。国际上从 2010 年开始陆续出现高 k/InAlAs MOS 电容研究的报道,2013 年以来出现了采用 XPS、C-V 测试技术对不同表面处理形式下的 HfO_2/InAlAs 界面特性进行研究的报道[17]以及 ALD(原子层淀积法)生长高 k 介质后的热退火温度对表面特性影响的报道[20],但报道中均并没有进行电极生长。在国内,由于研究材料和工艺水平等的限制,只有为数不多的大学和研究所从事高 k 介质的制造及可靠性的研究。例如北京大学主要对高 k 栅介质的电特性进行模拟仿真和实验研究,复旦大学主要在 Si 上 ALD 生长 Al_2O_3、HfO_2、TiO_2 等高 k 介质以及它们的衍生结构,半导体所采用 MBE 技术在 Si 上生长高 k 介质并对高 k 介质特性和界面特性进行研究。高 k/Ⅲ-Ⅴ族化合物结构的研究以高 k/GaAs 为主,而关于高 k/InAlAs MOS 电容结构的研究几乎没有相关报道。基于此,本节以高 k/InAlAs MOS 电容为研究隔离栅 InAs/AlSb HEMTs 器件的出发点,研究其主要工艺实现方案,在此基础上研究隔离栅 InAs/AlSb MOS-HEMTs 器件工艺制备方法,并开展器件特性仿真分析。

4.1　high-k/InAlAs MOS 电容隔离栅

4.1.1　MOS 电容工作原理

如图 4-2 所示为本研究所采用的 InAs/AlSb HEMTs 器件结构[40]。

InAlAs 在其中主要起两个作用,一是当做空穴的阻挡层,二是当做栅的接触层。

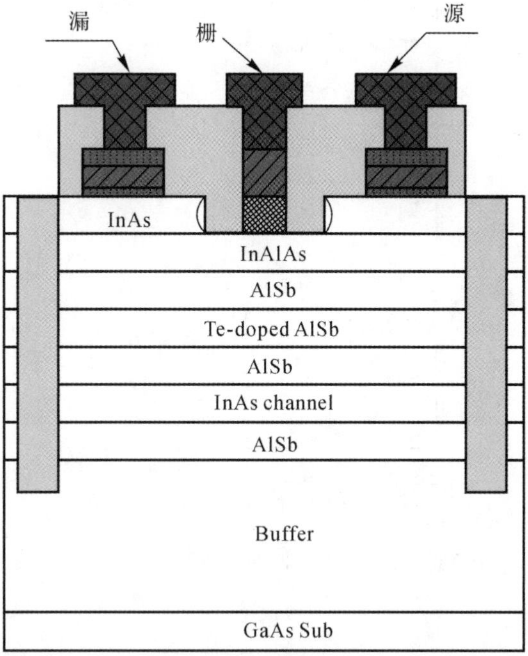

图 4 - 2　InAs/AlSb HEMTs 器件结构

　　由于存在肖特基栅,形成了较大的漏电流。图 4 - 3[40] 为图 4 - 2 结构的栅漏电流与栅压的关系曲线。当栅压为 0.5 V 时,器件中漏电流的数值达到了 A/cm^2 的量级,此时漏电情况比较严重。同时较大的漏电流会导致功耗增加,不但使得电路的集成度难以有显著提升,还使得该 HEMTs 结构的应用受到了很大的局限。因此,为了克服漏电流过大带来的不利影响,本研究将采用高 k 介质栅取代肖特基栅从而降低漏电。高 k/InAlAs 结构如图 4 - 4 所示。

　　本研究所采用的外延材料为 InAlAs,衬底材料为半绝缘型 GaAs。之所以选取半绝缘型 GaAs 作为衬底材料,主要是因为:其与所选取的外延材料的匹配性较高(GaAs 的禁带宽度为 1.428 eV, InAlAs 的禁带宽度为 1.48 eV),二者形成的结构绝缘性好,衬底对栅的影响较小,并且处理信息的速度快。

　　为了提高流片的成功率,需要精确地确定所使用材料的各项参数。在本实验中,InAlAs 的厚度是决定性参数。表 4 - 1 列出了 InAlAs 材料的相关参数,为确保对高 k/InAlAs 结构的界面和漏电特性的研究能顺利进行,把 Si 掺入 InAlAs 层形成 n 型外延,掺杂浓度为 $1×10^{17}$ cm^{-3}。

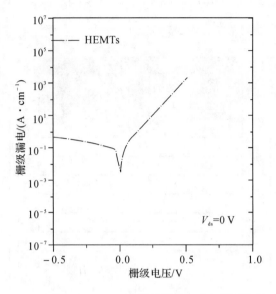

图 4 - 3　InAs/AlSb HEMT 器件的栅漏电流与栅压的关系曲线

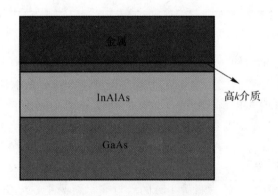

图 4 - 4　高 k/InAlAs 结构图

表 4 - 1　InAlAs 材料的相关参数

参数名称及单位(或衡量标准)	数值
禁带宽度/eV	1.48
相对介电常数	12.42
电子有效质量/m_0	0.088

续表

参数名称及单位(或衡量标准)	数值
重空穴有效质量/m_0	0.68
轻空穴有效质量/m_0	0.088
电子迁移率/$[cm^2/(V \cdot s)]$	10 000
空穴迁移率/$[cm^2/(V \cdot s)]$	200
电子亲和能/eV	4.1
电子有效状态密度/cm^{-3}	1.1×10^{19}
空穴有效状态密度/cm^{-3}	5.1×10^{17}

当外加电压达到阈值电压时,在 $In_{0.5}Al_{0.5}As$ 一侧形成最大的耗尽层 x_d,表达式如下:

$$x_d = \left(\frac{4\varepsilon_s \phi_{fP}}{eN_a}\right)^{\frac{1}{2}} \tag{4-1}$$

$$\phi_{fP} = V_t \ln\left(\frac{N_a}{n_i}\right) \tag{4-2}$$

其中,N_a,ε_s 分别为 $In_{0.5}Al_{0.5}As$ 的掺杂浓度和介电常数,V_t 为热电压,本征载流子浓度 n_i 未知。

$$n_i = (N_c N_v)^{\frac{1}{2}} \exp\left(\frac{E_g}{k_0 T}\right) \tag{4-3}$$

$$n_i^2 = 4\left(\frac{2\pi m_n^* k_0 T}{n^2}\right)(m_n^* m_p^*)^{\frac{3}{2}} T^3 \exp\left(-\frac{E_g}{k_0 T}\right) \tag{4-4}$$

$$= 2.33 \times 10^{31} \left(\frac{m_n^* m_p^*}{m_0^2}\right)^{\frac{3}{2}} T^3 \exp\left(-\frac{E_g}{k_0 T}\right) \tag{4-5}$$

根据直接禁带的公式,以及表 4-1 给出的参数值可得

$$m_p^* = (m_l^{\frac{3}{2}} + m_h^{\frac{3}{2}})^{\frac{3}{2}} m_0 \tag{4-6}$$

从而求得 $m_p^* = 0.701 m_0$,代入式(4-4)可得

$$n_i = 1.353\ 1 \times 10^6\ cm^{-3} \tag{4-7}$$

将式(4-6)和式(4-7)代入式(4-1)和式(4-2)中可得

$$\left.\begin{array}{l} \phi_{fp} = V_t \ln\left(\frac{N_a}{n_i}\right) \\[2mm] V_s = 2\phi_{fp} = 1.301\ 4\ V \\[2mm] x_d = \left(\frac{4\varepsilon_s \phi_{fp}}{eN_a}\right)^{1/2} \end{array}\right\} \tag{4-8}$$

如前所述,衬底材料 GaAs 为半绝缘型,掺杂浓度约为本征浓度,禁带宽度为 1.428 eV;InAlAs 的浓度为 1×10^{17} cm^{-3},禁带宽度为 1.48 eV。两者浓度差距较大,禁带宽度接近,且外延层与衬底所形成的耗尽区为 n-n 型异质结。由同型异质结原理[54]分析可得,二者接触时所形成的耗尽层只朝着浓度较低的那一侧延伸,由此可认为 GaAs 层耗尽;由于 InAlAs 侧浓度较高,所以可近似看做无耗尽层。综合对余量问题的考虑,最终将 InAlAs 的厚度设定为 1.5 μm。

4.1.2 高 k-MOS 电容界面表征方法

电容和界面特性的分析对器件的研究,特别是对 MOS 电容型结构的研究非常重要,因为从 C-V 特性曲线上可以直接或间接地得到介质层生长的质量、界面态密度、边界陷阱密度和阈值电压等情况,其中介质层质量的好坏影响着高 k 介质的 k 值以及粒子在介质层中的扩散的能力。而界面态的存在不仅影响界面的能带分布,还影响结构的电学特性。这些无疑都决定着器件的可用性和可推广性。所以电容和界面的分析对器件的研究是必不可少的。

1. 电容-电压(C-V)测试

MOS 电容是组成金属氧化物半导体场效应晶体管(MOSFET)最基本、最核心的部分,其电容-电压(C-V)测试和研究是分析界面特性和深入了解其电学特性的重要手段。本书采用横向 C-V 测试法,目的是避开高 k/InAlAs 结构中衬底对外延层研究的影响,这一方法具体的测试图如图 4-5 所示。

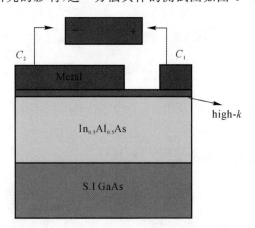

图 4-5　高 k/InAlAs MOS 电容结构图

横向 C-V 测试法也叫大小电极高频等效电容法,这种测试方法还可以避免背面接触带来的污染。表面的两个电极极性相反,可以降低电荷横向迁移对

高频 C‐V 的影响。其原理是将测试小电容 C_1 与一个大电容 C_2 串联,当大电容 C_2 的面积为小电容 C_1 的 10 倍以上时,大电容对总电容的影响可以忽略不计,测试所得的电容就近似等于小电容的值。因为在串联电路中电容越大,分压越小,高频 C‐V 测试时两电极之间所加的直流偏压几乎全部降落在小电容上,可以认为大电容是一个不随外加偏压变化的电容,所以测试所得的高频 C‐V 曲线基本为小电容 C_1 随栅压的变化。因此在测试时要求小电容上加正极电压。按照上述的测试原理可以得到该结构的 C‐V 特性,如图 4‐6 为该结构 MOS 电容的等效电路图。

图 4‐6 中,C_{ox},C_{it} 和 C_s 分别为介质层的单位电容、界面陷阱的单位电容和耗尽层或空间电荷区的单位电容。C_{it} 为界面态与电荷的乘积。将 C_s 细分为空穴电容、电子电容和耗尽层电容,则得到总的单位电容值公式为

$$\left.\begin{aligned} C_M &= \left(\frac{1}{C_{ox}} + \frac{1}{C_s + eD_{it}}\right)^{-1} \\ C_{ox} &= \frac{\varepsilon_r \varepsilon_0}{d} \\ C_s &= \left|\frac{dQ_s}{dV_s}\right| \end{aligned}\right\} \qquad (4-9)$$

式中,C_M 为总的单位电容,ε_r 和 ε_0 分别为高 k 介质层的相对介电常数和真空介电常数,d 为氧化层厚度,Q_s 和 V_s 为表面电荷和表面势。由于在不同的偏压,MOS 处在不同的状态,Q_s 和 V_s 的值也会有不同变化的,致使 C_M 发生变化,形成不同的区段,例如积累区、平带区、耗尽区、弱反型区和强反型区。高频下的 C‐V 测试曲线如图 4‐7 所示。

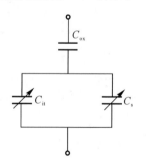

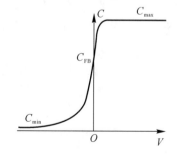

图 4‐6　高 k/InAlAs MOS 电容的
　　　等效电路图

图 4‐7　高频下 MOS 电容的理想
　　　C‐V 曲线

2. XPS 测试

界面中元素的种类和组分是影响器件性能的重要因素,界面元素种类越复

杂,非介质层和外延层物质含量的成分越多,界面层的厚度越厚,对器件整体性能的影响也越大,最终会降低介质层的介电常数,影响接触的匹配性和界面的陷阱电荷密度。所以采用 X 射线电子能谱仪(XPS)分析界面元素种类和成分是很必要的。

XPS 是用 X 射线去辐射样品,使原子或分子的内层电子或价电子受激发射出来。被光子激发出来的电子称为光电子。XPS 可以测量光电子的能量,其以光电子的动能为横坐标、相对强度(脉冲/s)为纵坐标可做出光电子能谱图,以获得试样有关信息。其主要应用如下:

(1)元素的定性和定量分析。根据能谱图中出现的特征谱线的位置鉴定除 H,He 以外的所有元素。同时根据能谱图中的光电子峰的面积反映原子的含量或相对浓度。

(2)材料的表面分析。分析参数包括表面的化学组成、原子价态、表面能态分布等。

(3)化合物的结构。可以对内层电子结合能的化学位移进行精确测量,提供化学键和电荷分布方面的信息。

采用 Avantage 软件对 XPS 所得的数据进行处理。在高 k/InAlAs 的结构中,主要是分析高 k 介质层元素的种类和各组分的含量,通过这些可以定性地说明氧化层的质量的情况;分析高 k 介质与 InAlAs 外延层接触界面物质的成分和含量,这对界面态以及漏电的分析具有很强的辅助分析作用。

3.界面态和边界陷阱密度测试计算

界面态又称为界面陷阱电荷,可正可负,由结构缺陷、氧化诱导缺陷、金属杂质或辐射及类似的键断裂过程的其他缺陷形成,会与接触的半导体体相互作用,改变表面的电势,其电荷可以被充放电。一般情况下,常用界面态 D_{it} 来衡量 MOS 器件的界面特性,所以界面态和边界陷阱密度计算具有很大的现实意义。

目前,测量界面态密度的方法有很多,包括 Terman 高频法,低频(准静态)法,Niconllian-Goetzberger(N-G 电导法)电导法,Gray-Brown 温度法(G-B 温度法)和电荷泵法,它们各自的优缺点如表 4-2 所示。其中 Terman 高频法和低频(准静态)法最容易实现,所以本书采用 Terman 高频法[42]。

表 4-2 计算界面态常用的方法

测试方法	Terman 高频法	低频法	N-G 电导法	G-B 温度法	电荷泵法
测试范围 $cm^{-2}eV^{-1}$	10^{10} 或更高	低限为 10^{10}	10^9 或更低	$10^{10} \sim 10^{12}$	10^{10} 左右

续表

测试方法	Terman 高频法	低频法	N-G 电导法	G-B 温度法	电荷泵法
优缺点	过程相对简单；可实现性强；但偏差较大，准确度不高	理论简单；高的抗噪声性，适用于 MOS 的测量；仅提供界面陷阱密度而不包括陷阱的俘获截面	测试 D_{it} 最灵敏，即精确度高的方法；反映信息多；测量冗长和耗时	在低温下，一致性较好；将高频电容作为温度的函数，对温度的要求较高	精确度较高；过程复杂且耗时

Terman 在 1962 年首次提出了利用高频 C-V 曲线分析界面态，认为在高频情况下，小信号无法在变化的栅压下对界面的陷阱产生影响，对电容没有贡献，但会引起高频下的 C-V 曲线沿栅压方向延伸。

界面态密度 D_{it} 的定义为每单位能量面积的界面陷阱数目：

$$D_{it}=\frac{1}{q}\cdot\frac{dQ_{it}}{dE_t} \qquad (4-10)$$

根据 Terman 法可知在高频条件下，栅上的小交流电压无法影响界面态的电荷和少子，结合图 4.6 的 MOS 结构的等效电路图以及式（4-9），有

$$\left.\begin{array}{l}C(V_s)=\dfrac{1}{1/C_{ox}+1/(C_sV_s)}\\[2mm]V_s=\dfrac{\varepsilon_s q N_a}{2C_s^2}\end{array}\right\} \qquad (4-11)$$

式中，V_s 为表面电势，ε_s 为外延层的介电常数，N_a 为外延层的掺杂浓度，C_s 为表面电容。

在大电压下，界面态会随着栅压的变化而缓慢地变化，栅压可以表示为

$$V_g=V_{ox}+V_{fb}+V_s=\frac{Q_s+Q_{it}}{C_{ox}}+V_{fb}+V_s \qquad (4-12)$$

其中，Q_s 和 Q_{it} 为表面电荷和界面陷阱电量。式（4-12）两边对 V_s 求导可得

$$\frac{dV_g}{dV_s}=\frac{1}{C_o}(C_s+C_{it})+1 \qquad (4-13)$$

从而得到的界面陷阱电容为

$$C_{it}(V_s)=C_{ox}\left[\left(\frac{dV_s}{dV_g}\right)^{-1}-1\right]-C_s(V_s) \qquad (4-14)$$

$$D_{it}(V_s) = \frac{C_{it}(V_s)}{q} \qquad (4-15)$$

一般地,仅费米能级附近的陷阱电荷对特性的影响较大,离费米能级远的陷阱电荷的作用可以忽略不计。从而在表面处,陷阱电容的大小主要来源相对于带隙中央 E_i 能量(见图 4-8):

$$E_t - E_i = qV_B - qV_s \qquad (4-16)$$

式中,E_t 和 E_i 分别为界面态能级和本征费米能级,qV_B 为掺杂费米能级的能级位置。

边界陷阱密度(N_{ot})是影响 MOS 界面特性的另一个重要的因素。测量边界陷阱密度的方法也有很多,有高频 $C-V$ 法,$1/f$ 噪声法,准静态 $C-V$ 法和瞬时衬底电流等方法。高频法一般较为直接和便捷,所以在该论文中也是采用这种方法。迟滞现象是高频法计算边界陷阱密度的依据。因为在高频条件下,边界陷阱无法响应栅压的变化,但能够随着栅压直流扫描而被充电和放电,所以正反扫描进行 $C-V$ 测试时会出现迟滞效应,如图 4-9 所示。

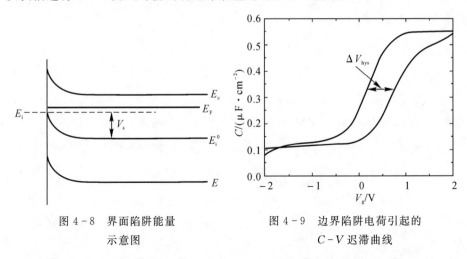

图 4-8　界面陷阱能量　　　　图 4-9　边界陷阱电荷引起的
　　　示意图　　　　　　　　　　　　$C-V$ 迟滞曲线

结合 $C-V$ 曲线中的迟滞特性以及平带电压间的差异求取边界陷阱密度,得

$$N_{ot} = \frac{C_{ox} \cdot \Delta V_{fb}}{q} \qquad (4-17)$$

4.1.3　MOS 电容漏电模型

随着 MOS 器件沟道不断减小,为了抑制短沟道效应和亚阈值效应,应使栅

介质层与沟道等比例缩小。当氧化层厚度不断减小时,栅上的漏电越来越明显,
会引起可靠性的下降[64],所以研究栅漏电模型,判断漏电的类型,从根本上减小
漏电是迫切要进行的。常见典型的漏电模型有:热电子发射模型、直接隧穿模
型、F–N(Fowler–Nordheim)模型和 F–P(Frenkel–Poole)模型,漏电模型的
机制如图 4–10 所示。

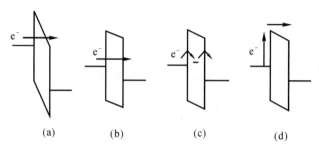

图 4–10　不同漏电模型的漏电机制
(a)F–N；　(b)直接隧穿；　(c)F–P；　(d)热电子发射

1.热电子发射模型

　　热电子发射模型是一种较为常见的漏电模型,特别是在较高的温度下[34],
是被研究得较为成熟的一种模型。它的形成过程如图 4–10(d)所示,指半导体
(金属)能级上的电子只要有足够的能量就能够跨越势垒层,自由地在金属和半
导体间流动,形成电流。它的发生必须具备一定的条件,即电子的平均自由程远
大于势垒宽度,同时能量高于势垒的高。热电子发射的表达式为

$$\left.\begin{aligned} I_{TE} &= I_0 \left\{ \exp\left[\frac{q(V-IR_y)}{nk_BT}\right] - 1 \right\} \\ I_0 &= SA^* T^2 \exp\left(-\frac{q\phi_B}{k_BT}\right) \\ A^* &= \frac{4\pi q m_n^* k_0^2}{h^3} \end{aligned}\right\} \qquad (4-18)$$

　　从热发射的模型公式中可以看出,漏电流受势垒的高度影响较大,而对势垒
的形状并不是很敏感,同时这一模型受温度的影响较为明显。

2.直接隧穿模型

　　集成电路由深亚微米的发展进入超薄氧化层时代。当氧化层小于 4 nm
时,直接隧穿占了一定的比例,无法忽略,而当氧化层厚度小于 3 nm 时,直接隧
穿将成为栅漏电的主要机制。在 MOS 结构中,直接隧穿机理图如图 4–10(b)
所示。

　　直接隧穿模型是针对有限厚度的势垒,当势垒厚度与微观粒子的德布罗意

波波长接近时,微观粒子可以利用其波动性而直接穿过势垒。它与粒子的能量以及势垒层的厚度直接相关。

直接隧穿的能量可以小于势垒厚度,存在一个临界的势垒厚度 x_c[28]。当势垒厚度大于 x_c 时,电子不能穿过势垒,而若小于该临界势垒厚度,该势垒厚度对电子而言是透明的,可以自由穿过,从而引起势垒的降低。常用 WKB 模型计算直接隧穿中电子的隧穿概率,其具体的表达式如下:

$$T_{\text{tunnelling}} = \exp\left\{-2\int_{x_1}^{x_2}\sqrt{\frac{2m}{h^2}[U(x)-E]}\,\mathrm{d}x\right\} \tag{4-19}$$

其中,$U(x)$ 为势垒的高度(用能量来衡量),E 为粒子所具有的能量,m 为电子有效质量,x_1 和 x_2 为经典转折点。具体的物理意义如图 4-11 所示。

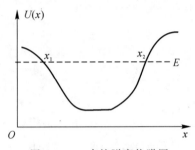

图 4-11   直接隧穿势阱图

根据 WKB 模型,Lee 和 Hu[65] 建立了如下的模型:

$$
\left.
\begin{aligned}
&J = \frac{q^2}{8\pi h \varepsilon_{\text{ox}} \phi_{\text{B}}} C(V_G, V_{\text{ox}}, t_{\text{ox}}, \phi_{\text{B}}) \exp\left\{\frac{8\pi\sqrt{2m_{\text{ox}}^*}q\phi^{\frac{3}{2}}}{3hq\mid V_{\text{ox}}/t_{\text{ox}}\mid}\left[1-\left(1-\frac{\mid V_{\text{ox}}\mid}{\phi}\right)^{\frac{3}{2}}\right]\right\} \\
&C(V_G, V_{\text{ox}}, t_{\text{ox}}, \phi_{\text{B}}) = \exp\left[\frac{20}{\phi_{\text{B}}}\left(\frac{\mid V_{\text{ox}}\mid-\phi_{\text{B}}}{\phi_{\text{B}}}+1\right)\left(1-\frac{\mid V_{\text{ox}}\mid}{\phi_{\text{B}}}\right)\right]\frac{V_G}{t_{\text{ox}}}Q_s \\
&Q_s = \frac{2\varepsilon_s\varepsilon_0 k_{\text{B}}T}{qL_{\text{D}}}\left\{\left[\exp\left(\frac{qV_s}{k_{\text{B}}T}\right)-\frac{qV_s}{k_{\text{B}}T}-1\right]+\left(\frac{p_{n0}}{n_{n0}}\right)\left[\exp\left(-\frac{qV_s}{k_{\text{B}}T}\right)+\frac{qV_s}{k_{\text{B}}t}+1\right]\right\} \\
&L_{\text{D}} = \left(\frac{2\varepsilon_r\varepsilon_0 k_{\text{B}}T}{q^2 n_{n0}}\right)^{\frac{1}{2}} \\
&V_G = V_s + V_{\text{ox}} + V_{\text{FB}} \\
&V_{\text{ox}} = \frac{Q_s}{C_{\text{ox}}} \\
&C_{\text{ox}}\frac{\varepsilon_r\varepsilon_0}{t_{\text{ox}}}
\end{aligned}
\right\}
$$

$$\tag{4-20}$$

式中,h 为布朗克常量,m_{ox}^* 氧化层电子隧穿的有效质量,C 为相关因子,Q_s 为半导体侧的电荷量，ϕ_B 为势垒高度，V_{ox} 为氧化层上的电压，t_{ox} 为氧化层厚度，C_{ox} 为氧化层电容，V_G 为栅上的外加电压，V_s 为表面势，ε_0 为真空的介电常数，ε_s 为外延层的相对介电常数，ε_r 为氧化层的相对介电常数，n_{n0} 为外延层的多子浓度，n_{p0} 为少子浓度，L_D 为德拜长度。

直接隧穿与势垒的形状直接相关，它受温度的影响并不明显，这是它区别于热电子发射的关键点。与热发射相比较，直接隧穿中电荷从非平衡过程运动到近平衡过程，而且隧穿过程中许多的物理因素也发生了变化。即使在中等程度的栅偏压下，直接隧穿电流的大小要比热电子注入或 F－N 隧穿电流大几个数量级。

3. F－N(Fowler－Nordheim) 模型

F－N 模型，是一种场辅助的电子隧穿机制，其原理图如图 4－10(a) 所示。它针对的是三角形势垒。一般情况下，在足够高的电压下势垒宽度变小，致使电子能够穿越势垒，进入半导体(肖特基栅)或氧化层中(氧化层栅)，并漂移到低电位端，形成隧穿电流，这一模型相对应的公式如下：

$$\left.\begin{aligned} J &= A E_b^2 \exp\left(-\frac{B}{E_b}\right) \\ A &= \frac{q^3 (m_e/m_n^*)}{8\pi h \phi_h} = 1.5 \times 10^{-6} \times q \times \left(\frac{m_e/m_n^*}{\phi_b}\right) \\ B &= \frac{8\pi \sqrt{2 m_n^* (q\phi_b)^2}}{3qh} = 6.83 \times 10^7 \times \sqrt{(m_n^*/m_e)(q\phi_b)^3} \end{aligned}\right\} \quad (4-21)$$

其中，E_b 为氧化层中的电场强度，ϕ_B 为势垒高度，m_n^* 为氧化层中电子的有效质量。这一模型是由 Lenzlinger 和 Snow 在 1969 年研究 Si/SiO$_2$ 器件的漏电特性的时候给出的[38]。随着研究深入，该模型不断地成熟和完善。

4. F－P(Frenkel－Poole)模型

F－P(Frenkel－Poole)漏电模型是一种受陷阱辅助的发射机制，受激发的是陷阱中的电荷，它也是一种常见栅漏电流的辅助分析模型。其模型的原理示意图为图 4－10 (c)。它形成的泄漏电流与陷阱的密度有很大的关系，同时也受到界面态密度和氧化层中缺陷态数目的影响。一般而言，F－P 模型会随着温度和电场的升高而增强，其中电场对泄漏电流的影响相对大些。F－P 漏电是由发射导致的，模型的典型公式为

$$J \infty E \exp\left[\frac{-q(\varphi_i - \sqrt{qE/\pi\varepsilon_i})}{k_B T}\right] \quad (4-22)$$

具体的表达式为

$$J = C E_b \exp\left[\frac{-q(\varphi_i - \sqrt{qE_b/\pi\varepsilon_0\varepsilon_r})}{k_B T}\right] \quad (4-23)$$

其中,E_b 为氧化层中的电场强度,φ_t 为电子从陷阱中发射所需要越过的势垒高度,ε_0 为真空的介电常数,ε_r 为氧化层的相对介电常数,C 为 F-P 模型常量。由式(4-23) 可以得到

$$\log(J/E_b)=\frac{q}{k_B T}\sqrt{\frac{qE_b}{k_B T}}-\frac{q\varphi_t}{k_B T}+\log C=m(T)\sqrt{E_b}+b(T)\quad(4-24)$$

其中

$$\left.\begin{array}{l} m(T)=\dfrac{q}{k_B T}\sqrt{\dfrac{q}{\pi\varepsilon_0\varepsilon_r}}\\[3mm] b(T)=\dfrac{q\varphi_i}{k_B T}+\log C \end{array}\right\}\quad(4-25)$$

F-P 模型与界面态、界面平整度、氧化层中的陷阱电荷的密度等都息息相关。

4.2　high-k/InAlAs MOS 电容工艺及特性

为了更好地了解 MOS 电容隔离栅的特性,本课题组对 high-k/InAlAs MOS 电容进行单独制备[66]。制备的 high-k/InAlAs MOS 电容结构如图 4-12所示。衬底选取半绝缘材料 GaAs,其可以与 InAlAs 材料形成良好的匹配,从而减小由衬底晶格失配对 MOS 电容性能产生的影响。InAlAs 通过 Si 掺杂形成 n 型外延材料,掺杂浓度为 1×10^{17} cm^{-3}。InAlAs 材料的相关参数如表 4-1 所示。

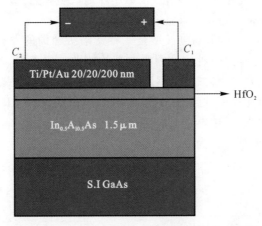

图 4-12　high-k/InAlAs MOS 电容结构示意图

外延层 InAlAs 与衬底 GaAs 之间形成了类似 n–n 异质结的耗尽区,由于两者浓度差别巨大(GaAs 为半绝缘型,其掺杂浓度可近似看做本征浓度,InAlAs 的掺杂浓度为 1×10^{17} cm^{-3}),且禁带宽度相差很小(GaAs 的禁带宽度为 1.428 eV,InAlAs 的禁带宽度为 1.48 eV),因此当这两种材料接触时,耗尽层出现在较低浓度的 GaAs 一侧,而 InAlAs 的耗尽层浓度可以忽略。因此我们选择的 InAlAs 厚度为 1.5 μm。

InAlAs 之上淀积 InAs 材料作为保护层,该层会在 high–k 介质氧化物淀积前被完全刻蚀。氧化层介质选用 HfO$_2$ 材料,由于其具备较高的介电常数、良好的热稳定性、较低的体陷阱密度和较大的导带偏移量,将对器件栅极漏电流减小产生明显作用。

4.2.1 high–k/InAlAs MOS 制备工艺

high–k/InAlAs MOS 电容制备具体分为 InAs 层刻蚀、InAlAs 层表面处理、HfO$_2$ 氧化层淀积及退火和金属电极生长等几个工艺过程。下面对各工艺过程进行讨论。

1. InAs 层刻蚀

由于 InAlAs 在空气中极易氧化,因此需要在 InAlAs 上覆盖一层保护层,以便防止氧化发生。由于 InAs/AlSb HEMTs 的帽层为 InAs 层,为了模拟相同工艺结构,因此选取 InAs 层为 InAlAs 层的保护层(见图 4.2)。在 MOS 电容制备之前需要对 InAs 保护层进行刻蚀。InAs 刻蚀所采用的腐蚀液由柠檬酸溶液与 30% 的过氧化氢以 1:1(体积比)混合而成,其中柠檬酸溶液是由柠檬酸和去离子水按照 1 g:1 mL 的比例混合而得。具体的腐蚀反应机理如下:H$_2$O$_2$ 作为氧化剂,柠檬酸为氧化过程提供氢原子 H$^+$,进一步反应生成 InAsO$_4$ 或其他组成类似的化学成分,具体的反应方程式如下:

$$\left.\begin{aligned}
\text{InAs} + \text{oxidizer} &\longrightarrow \text{InO}_x + \text{AsO}_x \\
\text{InO}_x + \text{AsO}_x + \text{H}^+ &\longrightarrow \text{In}^{3+} + \text{AsO}_2^- + \text{H}_2\text{O} \\
\text{InAs} + \text{H}_2\text{O} + \text{H}^+ &\longrightarrow \text{InAsO}_4 + \text{H}^2\text{O}
\end{aligned}\right\} \quad (4-26)$$

将样品在室温的条件下浸入腐蚀液中,不断调整腐蚀时间,通过电流检测法进行检测,发现腐蚀时间为 60 s 时可以使 InAs 保护层完全溶解。取出样品,进行去胶和去离子水冲洗,之后用氮气吹干。

2. InAlAs 层表面处理

将 InAs 保护层刻蚀掉后,InAlAs 将完全暴露在空气中,表面极易氧化,这将造成材料表面平整度降低,并产生各种缺陷,使漏电增加,导致器件的可靠性下降。所以在 HfO_2 介质层淀积之前需要对 InAlAs 表面进行处理,从而获得更加平整和整洁的表面,这对提高器件的性能非常重要。我们采用化学溶液方法对 InAlAs 表面进行处理,溶液选取 36%~38% HCl 和 7%$(NH_4)_2$S,前者可以与 InAlAs 表面的氧化物(如 Al_2O_3,As_2O_3 和 As_2O_5 以及 InO_2 和 In_2O 等)进行反应,以达到去除氧化物的作用;后者可作为钝化剂降低 InAlAs 表面被氧化的速度,同时也可以有效去除 As 和 In 的氧化物[67-68]。将 InAlAs 外延片放入 HCl 溶液中浸泡 1 min,然后进行去离子水漂洗 3~5 min,再放入 7%$(NH_4)_2$S 溶液中浸泡 15 min,接着再用去离子水漂洗 3~5 min,最后在氮气 N_2 中烘干。

3. 氧化层淀积及退火

因为 ALD 淀积法的淀积温度低,淀积介质的均匀性好,且具备很好的台阶覆盖性,因此 ALD 是最为常见的 high-k 介质淀积方法。

(1)HfO_2 high-k 介质 ALD 淀积单轮具体方法如下:在惰性气体的环境中将两种气相前驱体交替脉冲注入反应腔体中,前一种气体吸附在半导体表面,而后一种气体会和前一种气体发生化学反应形成固相薄膜,即所需要的 high-k 介质。本次实验 high-k 介质选用 HfO_2 材料,其具体的 ALD 条件如表 4-3 所示,其中 TEMAH(四乙基甲氨基铪)为 Hf 原子的前驱体,H_2O 则作为 O 的前驱体。脉冲时间为 1 s+3 s+1 s+2 s,具体是指在一个循环中先通入 1 s 的 TEMAH,然后通入 2 s 的 N_2 将淀积 Hf 基后残留的物质运送出去,再通入 1 s 的 H_2O,接着通入 2 s 的 N_2 将残留的物质运送出去。我们可以通过控制循环的数量来生长不同厚度的 HfO_2 介质。为了提高 HfO_2-InAlAs 的界面质量,需要对氧化层进行退火(PDA)[69,79]。考虑到 InAlAs 材料在 400℃ 温度下易结晶,因此退火温度选取 380℃,退火时间为 60 s,温度的浮动为 ±2℃。介质厚度随淀积轮数的增多而增加。

(2)Al_2O_3 high-k 介质 ALD 淀积单轮具体方法如下:将 Al 元素的前驱体 TEMAH 通入 0.5 s,然后通入 2 s 的 N_2 以转移铝基残留物,接着将 O 元素的前体 H_2O 通入 0.5 s,最后通入 1 s 的 N_2,以排出总残留物。在 ALD 工艺之后,采用沉积后退火(PDA)工艺,在 N_2 中将薄膜从环境温度加热到 380℃,时间为 15 s,然后退火 60 s,最后在 300 s 以上冷却到环境温度[20,36]。这种 PDA 工艺可以通过形成扩散阻挡层来防止电介质和半导体之间的相互作用效应,从而改善高 k/InAlAs 界面层的质量。介质厚度随淀积轮数的增多而增加。

(3)HfAlO 的沉积则是通过以 1:2 的比例交替生长 HfO_2 和 Al_2O_3 生成。介质厚度随淀积轮数的增多而增加。

表 4 - 3　ALD 生长的条件和前驱体的情况

条件	前驱体	脉冲时间	淀积温度 ℃	压强 mbar[①]	淀积速率 nm·s^{-1}
HfO$_2$	TEMAH+H$_2$O	1s+3s+1s+2s	245	2.3	0.1
Al$_2$O$_3$	TMT+H$_2$O+N$_2$+N$_2$	1s+2s+1s+2s	245℃	2.3	0.1

注：①1 bar=10^5 Pa。

4. 金属电极生长

栅金属选择 Ti/Pt/Au,其成本较高但性能优良。其中靠近氧化层的 Ti 的厚度为 20 nm,由于 Ti 金属优越的黏附性,可以防止半导体中的污染物质进入金属中产生缺陷,形成漏电通道;Ti 金属之上为 20 nm 的 Pt 层,该层可以防止其上层 Au 金属进入氧化层造成污染和缺陷;Pt 上层为 200 nm 的 Au 金属电极,其接触电阻非常小,有利于电流的输运。

图 4 - 13　HfO$_2$/InAlAs MOS 电容金属电极版图

金属电极采用大小电极,其中最大电极面积为 0.15 mm×0.15 mm,次大电极面积为最大面积的 1/4,最小电极为最大面积的 1/100,即最小电极面积为 150 μm×150 μm,其电极版图如图 4 - 13 所示。金属电极的制作流程如图 4 - 14 所示,分为表面清理、涂胶、光刻、剥离、电子束蒸发等工艺步骤。

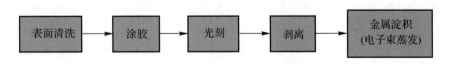

图 4 - 14　金属电极制作流程图

4.2.2 不同厚度 HfO$_2$/ InAlAs MOS 电容性能分析

为了分析不同氧化层厚度对 MOS 电容特性的影响,本次实验选取了 6 nm, 8 nm 和 10 nm 厚度来进行制备。由于氧化层性能对 MOS 电容性能影响很大,因此在 PDA 工艺之后,首先对氧化层表面进行 XPS 测试分析[71,73],测试结果如图 4-15 所示。

图 4-15(a)表示了 As 3d 的分布情况。发现氧化层厚度为 6 nm 的器件的峰值相对于 8 nm 和 10 nm 器件明显向低键合能的方向偏移,这表明有更多的 As-InAs 化合物被探测到,这是由于 XPS 的探测厚度为 4 nm 左右,而 6 nm 的氧化层非常薄,使得 InAlAs-HfO$_2$ 的界面被探测到。随着氧化层厚度的增加, As 3d 的峰值朝更高键合能的方向移动,这是由于随着氧化层厚度的增加,有更多的 As-H 的化合物被探测到,这些 As-H 化合物主要来源于表面处理工艺。另外,我们发现 As 元素只在化合物组分上发生变化,但其浓度并没有随着氧化层厚度的变化而发生明显变化,这可以从其峰值面积大体观测到,这说明 As 元素在 HfO$_2$ 介质层中有非常强的扩散能力。同时由于 As—O 化合键相比 Hf—O 化合键而言拥有更高的键合能,因此 As 可以抢夺 HfO$_2$ 中的氧原子而形成 As-O 化合物,使得更多的氧空位产生,从而在氧化层表面形成更多的电荷陷阱。

图 4-15(b)表示了 In3d$_{5/2}$ 的分布情况。与 As 不同,对于不同厚度的氧化层,In 元素表现出了截然不同的浓度状态。对于 6 nm 器件而言,In 元素的峰值非常容易探测到,该峰值由位于 444.38 eV 的 In-AlAs,444.83 eV 的 In$_2$O 和 446.2 eV 的 In$_2$O$_3$ 贡献[70],其中 In-O 化合物的形成使得更多的氧空位产生,这将降低氧化层表面质量。但是对于 8 nm 和 10 nm 的样品,只有非常微弱的 In 元素可以被探测到,这说明 In 元素在 HfO$_2$ 介质层中扩散能力有限,因此当氧化层较厚时,In 元素对氧化层表面的影响不大。

Hf 4f 的分布情况如图 4-15(c)所示,其中 6 nm 样片的峰值相对于 8 nm 和 10 nm 样片而言出现了明显朝高键合能方向漂移的趋势。这是因为在 HfO$_2$ 和 InAlAs 界面处的过渡层产生了一定量的 HfAlO,HfAlO 具有比 HfO$_2$ 更高的键合能,而 6 nm 器件氧化层非常薄,使得 XPS 能够完全探测到该 HfO$_2$ 和 InAlAs 界面处过渡层中的 HfAlO,因此 Hf 4f 的峰值向高位移动。而对于 8 nm 和 10 nm 样品,过渡层中的 HfAlO 无法在氧化层表面被探测到,因此其峰值的键合能表现较低。

O 1s 的分布情况如图 4-15(d)所示,其表现类似于 Hf 4f。对于 6 nm 器件,由于界面处 HfAlO 被探测到,其探测峰值向更高键合能方向偏移。随着氧化层厚度的增加,HfAlO 在氧化层表面无法被探测到,因此谱峰值向低键合能方向偏移。同时随着氧化层厚度的增加,一些非理想氧化物(如 As - O, In - O, Al - O)的含量降低,使得氧化层表面更加纯净,有利于提高 MOS 电容的质量。

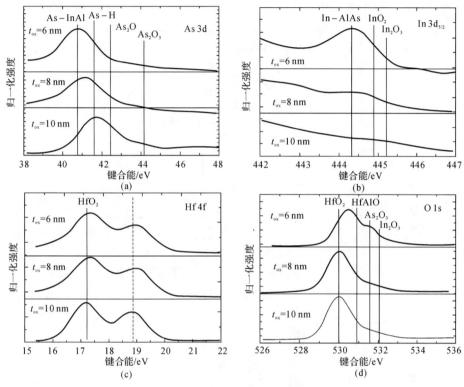

图 4 - 15　氧化层表面 XPS 测试结果

(a) As 3d;　(b) In $3d_{5/2}$;　(c) Hf 4f;　(d) O 1s

　　为了分析 InAlAs - HfO₂ 界面处的元素分布情况以便更加清晰地明确界面层对 MOS 电容特性的影响,将氧化层进行刻蚀,通过控制刻蚀时间来监控氧化层深度使之达到 InAlAs - HfO₂ 界面深度,之后通过 XPS 来测量界面处的化合物状态。为了更加明晰不同氧化层厚度样品的界面情况,这里只观察了氧化层厚度差异较大的 6 nm 和 10 nm 两种样品,其 XPS 测试结果如图 4 - 16 所示。用 Average 软件对探测谱进行了分解,以便更加清楚地了解各种化合物组成成分。发现在 InAlAs - HfO₂ 界面处,无论是 6 nm 还是 10 nm 样品,都有明显的 HfAlO 组分被探测到。HfAlO 作为 HfO₂ 和 InAlAs 之间的过渡层的主要物质可以降低 HfO₂ 和 InAlAs 之间的失配和互扰,而且 HfAlO 相对比 HfO₂ 具有更高的介电常数,有利于整体氧化层质量的提高。另外,在界面处有大量的 As-O 化合物和少量的 In-O 和 Al-O 化合物被探测到,这些非理想氧化物在界面处形成界面态,将大大降低界面质量。但相比 6 nm 器件而言,10 nm 器件中的 As-O 化合物相对少一些,这对界面质量的提高具有一定的帮助作用。各种氧化物组分的分布比例如图 4-17 所示。

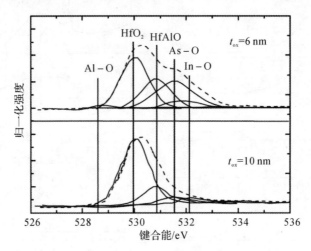

图 4-16   InAlAs-HfO$_2$ 界面处 XPS 测试结果

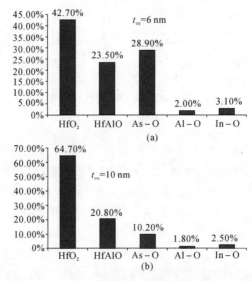

图 4-17   high-k/InAlSb 界面处各种氧化物占比

采用大小电极高频等效电容法（横向 C-V 测试方法）对器件的电容特性进行测试，不同氧化层厚度样品的 C-V 测试曲线如图 4-18 所示。测试发现积累层电容大小与氧化层厚度成反比，即 $C_{M^a}(6\ \text{nm}) > C_{M^a}(8\ \text{nm}) > C_{M^a}(10\ \text{nm})$。根据积累层电容值，可以求得器件的等效氧化层厚度 EOT 和等效介电常数 ε_{ox}，具体公式如下：

$$\text{EOT} = \frac{\varepsilon_{SiO_2}\varepsilon_0 A}{C_{ox}} \tag{4-27}$$

$$\varepsilon_{ox} = \frac{\varepsilon_{SiO_2}}{\text{EOT}}t_{ox} \tag{4-28}$$

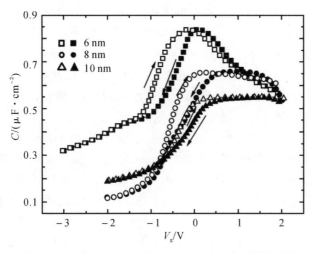

图 4-18　HfO_2/n-InAlAs MOS 电容 C-V 测试结果

发现 EOT 和 ε_{ox} 随氧化层厚度的增加而增加，其具体数值见表 4-4，这表明氧化层厚度的提高对介质层质量的提高起到积极的作用。10 nm 样品的等效介电常数 ε_{ox} 计算结果为 7.19，但该值依旧远低于纯净 HfO_2 的介电常数，这是因为在氧化层中存在 As-O 和 In-O 等非理想物质，这些物质表现出很低的介电常数，受这些杂质的影响整个氧化层的等效介电常数无法达到理想状态。除此之外，该等效介电常数相对比已经被报道的 HfO_2 在 Si 半导体上的相应数值较低，这大概是由于 HfO_2-InAlAs 的界面质量对于 HfO_2-Si 的界面质量而言较差。除此之外，MOS 电容的阈值电压 V_{th} 也可以从 C-V 曲线换算求得，其计算方法如下：

$$C_{FB} = \frac{\varepsilon_{ox}\varepsilon_0}{t_{ox} + \dfrac{\varepsilon_{ox}}{\varepsilon_{InAlAs}}\sqrt{\dfrac{k_B T}{q}\dfrac{\varepsilon_{InAlAs}\varepsilon_0}{qN_d}}} \tag{4-29}$$

$$V_{th} = V_{FB} - 2\frac{k_B T}{q}\ln\left(\frac{N_d}{n_i}\right)\frac{\sqrt{4q\varepsilon_{InAlAs}\varepsilon_0 N_d \bigg/\left[\frac{k_B T}{q}\right]}}{\varepsilon_{ox}\varepsilon_0/t_{ox}} \tag{4-30}$$

其中,A 为电容面积,ε_{SiO_2} 为 SiO_2 的等效介电常数(值为 3.9),ε_0 为真空介电常数,k_B 为玻尔兹曼常数,T 为热力学温度,q 为电子电荷,ε_{InAlAs} 为 InAlAs 的等效介电常数(值为 12.42),N_d 为 n - InAlAs 的掺杂浓度,n_i 为常温下 InAlAs 的本征载流子浓度(值为 1.35×10^6 cm^{-3})

首先根据 C-V 曲线可以计算其平带电容 C_{FB} 值,根据平带电容 C_{FB} 在 C-V 中读出平带电压 V_{FB},通过平带电压 V_{FB} 即可求出 MOS 电容的阈值电压[74]。不同氧化层厚度的 MOS 电容的阈值电压值如表 4-4 所示,其中 6 nm 样品表现出的最高的阈值电压,即 V_{th} 为 -2.78 V,这是由于大量的氧化层电荷导致了很高的平带电压,而当氧化层厚度增加到 8 nm 时,由于平带电压的下降,导致阈值电压下降到 -1.64 V,然而随着氧化层厚度的继续增加至 10 nm 时,阈值电压升高至 1.71 V,这是由于随着氧化层厚度的增加,平带电压对阈值电压的影响逐渐降低,此时氧化层厚度变成了影响阈值电压的最主要因素,如式(4-30)所示,而随着氧化层厚度的继续增加,阈值电压也将继续增加。然而,相对比于肖特基栅 InAs/AlSb HEMTs,无论是 8 nm 还是 10 nm 样片,其阈值电压仍然较高(肖特基栅 InAs/AlSb HEMTs 的阈值电压为 0.5 V 左右),因此相对于 InAs/AlSb HEMTs 而言,InAs/AlSb MOS-HEMTs 栅控能力有所降低。

在图 4-18 所示的 C-V 曲线中,发现 6 nm 样品的电容值当控制电压在 0 V 以上时出现了一个非常明显向下的弯曲,这是由非常严重的漏电所引起的。而这种弯曲在 10 nm 样品中并没有出现,表明 10 nm 器件的漏电特性得到了改善。具体的漏电特性将在后面进行分析。

表 4-4   HfO$_2$/n - InAlAs MOS 电容电参数提取结果

t_{ox}/nm	C_{ox}/(μF $\cdot$ cm^{-2})	EOT/nm	ε_{ox}	C_{FB}/(μF $\cdot$ cm^{-2})	V_{FB}/V	V_{th}/V
6	0.837	4.13	6.67	0.42	-1.75	-2.78
8	0.658	6.25	6.95	0.37	-0.5	-1.64
10	0.548	6.30	7.19	0.33	-0.47	-1.71

界面态(界面陷阱电荷)是少数载流子的产生复合中心,它对器件的亚阈值摆幅、阈值电压和漏电特性均会产生十分显著的影响。界面态十分依赖于半导体和介质层之间的匹配程度。界面态密度 D_{it} 是表示界面陷阱电荷的量度,它可以通过 Terman 方法直接从 C-V 曲线获得[42]。不同氧化层厚度 MOS 电容的

D_{it}曲线如图 4-19 所示。我们发现 6 nm 样品的 D_{it} 相对比 8 nm 和 10 nm 而言显现出最大值$[10^{13} \sim 10^{14}/(\text{eV}^{-1} \cdot \text{cm}^{-2})]$，如前面 XPS 特性分析，这是由界面处的 As-O 杂质导致的。当氧化层厚度上升到 10 nm 时，D_{it} 得到了明显的改善，其值总体低于 $10^{13}/(\text{eV}^{-1} \cdot \text{cm}^{-2})$，因为此时界面处的 HfO_2 含量增加。然而即使是 10 nm 样品，其界面态密度仍然远低于传统的 $HfO_2/\text{Si MOS}$ 电容，这是由于 HfO_2 和 InAlAs 之间的匹配效果相对 HfO_2 和 Si 而言要差得多。另外，PDA 可以有效地改善界面质量，然而考虑到 InAlAs 在 400℃ 的情况下容易结晶，因此本实验中的 PDA 温度仅为 380 ℃，该温度相对比常用的 PDA 温度较低，无法产生最好的退火效应。因此，退火工艺的改进是我们下一步的研究目标。

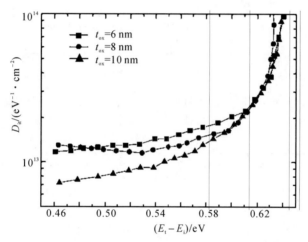

图 4-19　HfO_2/n-InAlAs MOS 电容界面态密度 D_{it} 测试结果

其中$(E_t - E_i)$表示界面陷阱能级(E_t)到本征费米能级(E_i)的距离

据前面分析可知，随着氧化层厚度的增加，HfO_2 表面和 HfO_2-InAlAs 界面的质量都会有所提高，因此理论上讲 $HfO_2/\text{InAlAs MOS}$ 的漏电特性也会随着氧化层厚度的增加而得到改善。为了验证该结论，对 MOS 电容的 J-V 曲线进行测试，测试结果如图 4-20 所示。发现 6 nm 器件的漏电最大，当氧化层厚度增加到 8 nm 时，漏电密度则会减小两个数量级，当氧化层厚度增大到 10 nm 时，漏电流密度在 0~2 V 的偏置电压下可控制在 $10^{-7} \sim 10^{-5}$ A/cm^2 范围内，这相比传统金属-半导体肖特基结构有了非常大的提升。

为了能够更好地理解漏电特性，下面以 10 nm 氧化层厚度的 HfO_2/n-InAlAs MOS 电容为例，对其漏电机制进行分析。常用的漏电机制为欧姆漏电机制、肖特基发射漏电机制、F-P 发射机制和 F-N 隧穿机制。下面分别套用这几种机制的漏电特性对 J - V 曲线进行拟合,以便确认何种漏电机制起主导作用。

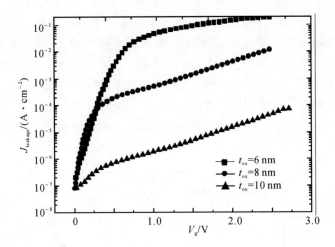

图 4 - 20　HfO$_2$/n - InAlAs MOS 电容的 $J_{leakage}$ - V_g 测试结果

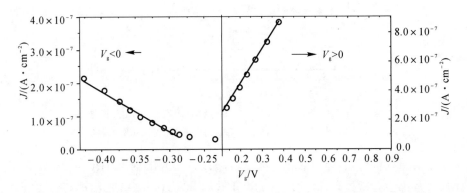

图 4 - 21　10 nm 氧化层厚度的 HfO$_2$/n - InAlAs MOS 电容欧姆漏电机制分析

　　欧姆漏电机制[75-76]可以通过 J - V 曲线的线性逼近来判断,该机制通常发生在较小偏压的情况下,其逼近曲线如图 4 - 21 所示。可见偏置电压幅值在 0.4 V 以内,欧姆漏电机制显著,说明在很低的偏置电压下从氧化层电荷陷阱中激发出的热电子数量要远高于 InAlAs 中注入的电子数量。

　　在欧姆机制的区域之上,随着偏置电压的增加,肖特基发射将成为主要的漏电机制。肖特基漏电漏电流模型如下[76-77]:

$$J_{SE} \propto \exp\left[\frac{-q(\phi_B - \sqrt{qE_i/4\pi\varepsilon_{ox}\varepsilon_0})}{k_B T}\right] \Rightarrow \frac{\Delta \ln(J_{SE})}{\Delta \sqrt{E_i}} = \frac{q\sqrt{q/4\pi\varepsilon_{ox}\varepsilon_0}}{k_B T}$$

$$(4-31)$$

根据公式可知,可通过对 $\ln J - E_i^{1/2}$ 曲线做线性逼近来判定肖特基发射是否为主要漏电机制,其具体逼近曲线如图 4 - 22 所示。

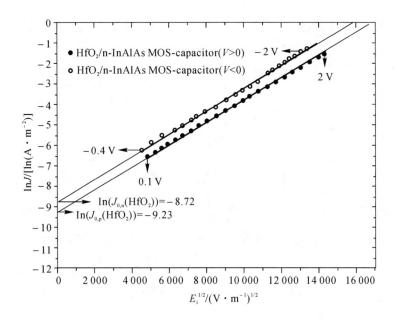

图 4 - 22　10 nm 氧化层厚度的 HfO_2/n - InAlAs MOS 电容肖特基发射漏电机制分析

当偏置电压在 $-2 \sim -0.4$ V 和 $0.1 \sim 2$ V 范围内,$\ln J - E_i^{1/2}$ 曲线线性拟合良好,表明在该偏置电压范围内肖特基发射为主要漏电机制。肖特基发射时的 MOS 电容能带图如图 4 - 23 所示。在偏置电压为负压的情况下,电子将跨越金属-氧化层界面处的势垒注入 InAlAs 半导体的导带中,其中该金属-氧化层势垒高度 $\phi_{B,n}$ 可以根据下式求得:

$$\phi_{B,n} = k_B T \ln(A^* T^2 / J_0)/q \qquad (4-32)$$

其中:k_B 是玻尔兹曼常数;T 为热力学温度;q 为电子电荷;A^* 为有效理查森常数;J_0 为饱和电流密度,其值可以通过 $\ln J - E_i^{1/2}$ 的线性外推至 $E_i = 0$ 时获得,具体外推过程如图 4 - 22 所示。计算可得 $\phi_{B,n}$ 的值为 0.8 eV。除此之外,MOS 电容的等效介电常数 ε_{ox} 也可以根据式(4 - 32)通过肖特基发射曲线的斜率求得,所求得的 ε_{ox} 为 6.7,其与前面 $C - V$ 方法求得的氧化层等效介电常数 7.19 相差不大,说明该段肖特基拟合逼近曲线的位置选取是正确的。当偏置电压为正压时,电子将跨越 high-k/InAlAs 界面的势垒 $\phi_{B,p}$ 形成漏电流,按照式(4-32),$\phi_{B,p}$ 计算结果为 0.81 eV。我们发现正负偏压下的肖特基势垒高度大致相同,因此在正负偏置情况下,器件的漏电大致相同。理想因子 n 表明了不确定效应对器件恶化的程度,其值可以通过下式求得(值为 1.58):

$$n = q/kT \times \mathrm{d}(V_g)/\mathrm{d}(\ln J) \tag{4-33}$$

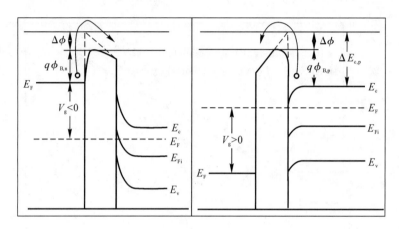

图 4-23 HfO$_2$/n-InAlAs MOS 电容肖特基发射漏电机制能带示意图

半导体和氧化层之间的导带带偏($\Delta E_{CB,p}$)同样可以用来衡量电子翻越势垒形成漏电的难易程度,其作用与肖特基势垒高度 $\phi_{B,p}$ 大致相同。$\Delta E_{CB,p}$ 的值可以通过 XPS 方法,根据下式求得:

$$\Delta E_{VB} = (E_{VBM}^{dielectric} - E_{VBM}^{InAlAs}) \tag{4-34}$$

$$\Delta E_{CB} = E_g^{dielectric} - \Delta E_{VB} - E_g^{InAlAs} \tag{4-35}$$

其中:ΔE_{VB} 为价带带偏;ΔE_{CB} 为导带带偏;E_g^{InAlAs} 为 InAlAs 的禁带宽度(1.46 eV),$E_g^{dielectric}$ 为氧化层禁带宽度(对 HfO$_2$ 而言取 6.8);E_{VBM}^{InAlAs} 为 InAlAs 的价带最大值(0.345 eV);$E_{VBM}^{dielectric}$ 为氧化层的价带最大值,其值可以通过 $-5 \sim 20$ eV 键合能范围内的 XPS 曲线的线性外推提取,具体提取方法如图 4-24 所示,10 nm 厚的 HfO$_2$ 的 $E_{VBM}^{dielectric}$ 为 3.254 eV。

可以求得 MOS 电容的 ΔE_{CB} 为 1.431 eV。但值得注意的是所求得的 $\Delta E_{CB,p}$ 远高于前面求得的 $\phi_{B,p}$,这是由肖特基势垒降低效应(Schottky barrier lowering effect)导致的。存在的电场 E_i 使得实际的肖特基势垒发生下降,下降的幅度被记作 $\Delta\phi$,如图 4-23 所示。

IONM 氧化层厚度的 HfO$_2$/n-InAlAs MOS 电容电学参数提取结果见表4-5。

表 4 - 5　10 nm 氧化层厚度的 HfO₂/n - InAlAs MOS 电容电学参数提取结果

参数	HfO₂/InAlAs
ε_{ox}	6.70
ε'_{ox}	6.81
n	1.62
$\phi_{B,n}/eV$	0.80
$\phi_{B,p}/eV$	0.81
$\Delta E_{CB,p}/eV$	1.43

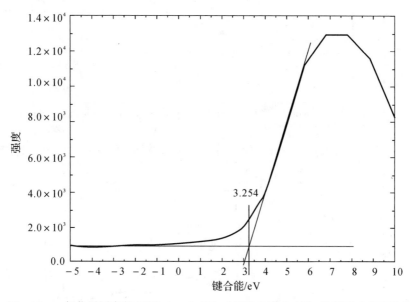

图 4 - 24　10 nm 氧化层厚度的 HfO₂/n - InAlAs MOS 电容 InAlAs 价带最大值提取示意图

除此之外我们还考虑了 F - P 发射漏电机制[85-87]，其漏电模型如下：

$$J_{F-P} \propto E_i \exp\left[\frac{-q(\phi_B - \sqrt{qE_i/\pi\varepsilon_{ox}\varepsilon_0})}{kT}\right] \Rightarrow \frac{\Delta\ln\left(\dfrac{J_{F-P}}{E_i}\right)}{\Delta\sqrt{E_i}} = \frac{q\sqrt{q/\pi\varepsilon_{ox}\varepsilon_0}}{kT}$$

$$(4 - 36)$$

我们可以根据 $\ln(J/E_i) \sim E_i^{1/2}$ 曲线的线性逼近来分辨 F - P 发射机制发生的区域，其中线性逼近斜率如式（4 - 36）所示。具体的逼近过程如图 4 - 25 所示,发现 $\ln(J/E_i) \sim E_i^{1/2}$ 逼近曲线的斜率非常小,按照斜率方程计算出的等效介电常数将大于 100,这与上文中根据 $C\text{-}V$ 曲线求得的介电常数相差非常大,因此 F-P 发射不是该 10 nm 氧化层厚度 $HfO_2/n\text{-}InAlAs$ MOS 电容的主要漏电机制。

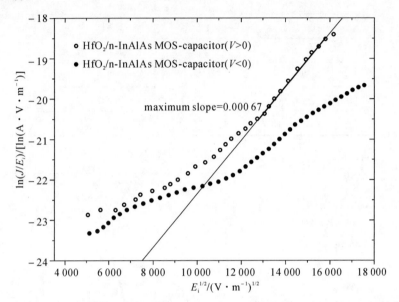

图 4-25　10 nm 氧化层厚度的 $HfO_2/n\text{-}InAlAs$ MOS 电容 F-P 发射漏电机制分析

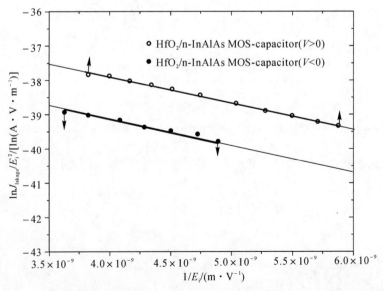

图 4-26　10 nm 氧化层厚度的 $HfO_2/n\text{-}InAlAs$ MOS 电容 F-N 隧穿漏电机制逼近分析

　　F-N 隧穿通常伴随着很高的偏置电压发生[75,77],其漏电流密度表达式如下：

$$J_{F-N} \propto E_i^2 \exp\left[-\frac{4}{3}\frac{\sqrt{2m_n^*}}{hqE_i}\phi_B^{\frac{3}{2}}\right] \Rightarrow \frac{\Delta \ln\left(\frac{J_{F-N}}{E_i^2}\right)}{\Delta\sqrt{1/E_i}} = -\frac{4}{3}\frac{\sqrt{2m_n^*}}{hq}\phi_B^{\frac{3}{2}}$$

$$(4-37)$$

　　其可以根据线性逼近 $\ln(J/E_i^2)-1/E_i$ 曲线来进行分辨。F-N 隧穿评估过程如图 4-26 所示,发现在 $-3 \sim -2$ V 和 $2\sim3$ V 的电压范围内 F-N 隧穿为主要漏电机制。通过式(4-37),可以计算势垒高度 ϕ_B,其值与通过肖特基发射的计算结果相差不大。

　　不同偏压下的主要漏电机制如图 4-27 所示,其中包括欧姆漏电、肖特基发射和 F-N 隧穿。我们发现在偏置电压很低的情况下,欧姆漏电为主要漏电机制,在很高偏置条件下,F-N 为主要漏电机制,而在绝大多数工作电压范围内的主要漏电机制为肖特基发射。

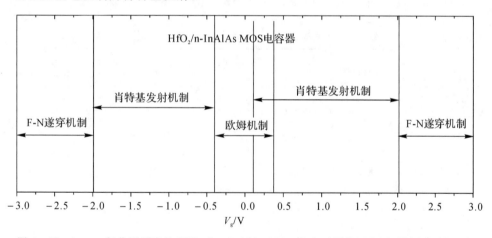

图 4-27　10 nm 氧化层厚度的 HfO_2/n-$InAlAs$ MOS 电容不同偏置电压下漏电机制汇总

4.2.3　HfO_2-$Al_2O_3/InAlAs$ MOS 电容特性分析

　　本实验分别制备了氧化物厚度为 12 nm 的 HfO_2/n-$InAlAs$ MOS 电容器,以及两个叠层介质分别为 $HfO_2(8nm)/Al_2O_3(4nm)$ 和 $HfO_2(4\ nm)/Al_2O_3(8\ nm)$ 的 HfO_2-Al_2O_3/n-$InAlAs$ MOS 电容器,用于对比研究。介质采用 ALD 工艺具体工艺条件见表 4-6。$HfO_2(4\ nm)/Al_2O_3(8\ nm)$ MOS 电容器的

5 μm×5 μm AFM 图如图 4-28(a)所示。通过 AFM 测试得到的 3 个样品的 RMA 值约为 0.5 nm。HfO$_2$(4 nm)/Al$_2$O$_3$(8 nm)MOS 电容器横截面的 FIB-TEM 图像如图 4-28(b)所示。上述表明这是一种致密而均匀的器件结构。

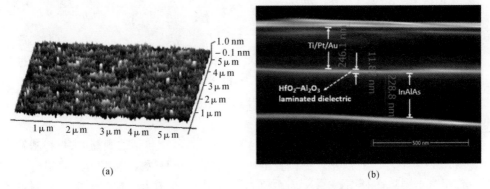

(a)   (b)

图 4-28   HfO$_2$(4 nm)/Al$_2$O$_3$(8 nm)MOS 电容器物理表征结果
(a)电容器的 AFM 图；(b) 电容器横截面的 FIB-TEM 图像

表 4-6   制备 HfO$_2$-Al$_2$O$_3$ 电介质的 ALD 工艺

介质	前驱体	注入时间 s	淀积温度 ℃	压强 mbar	淀积速率 nm·s^{-1}
Al$_2$O$_3$	TMT+N$_2$+H$_2$O+N$_2$	0.5+2+0.5+1	245	2.3	0.1
HfO$_2$	TEMAH+N$_2$+H$_2$O+N$_2$	1+2+1+2	245	2.3	0.1

随后用高频电容法测量了 MOS 电容器 C_{ox} 在 1 MHz 下的饱和电容，结果如图 4-29 所示。HfO$_2$/InAlAs MOS 电容器的 C_{ox} 最高值为 0.68 μF/cm^2，HfO$_2$(8 nm)/Al$_2$O$_3$(4 nm)/InAlAs 和 HfO$_2$(4 nm)/Al$_2$O$_3$(8 nm)/InAlAs MOS 电容器的 C_{ox} 最高值分别为 0.517 μF/cm^2 和 0.355 μF/cm^2，可知插入 Al$_2$O$_3$ 薄膜的电容器的 C_{ox} 较低，并且 C_{ox} 值也随着 Al$_2$O$_3$ 层厚度的增加而减小。当 MOS 电容进一步累计时，C_{ox} 逐渐减小，这是由高压条件下存在的较大漏电流引起的。此外在 HfO$_2$(4 nm)/Al$_2$O$_3$(8 nm)多层介质中还能观察到低 $C-V$ 曲线发生的滞后现象，可解释为其具有书中讨论的最低氧化物电荷密度。

三个样品的等效氧化物厚度（EOT）值取决于 $C-V$ 曲线[79-80]。结果见表 4-7。分析可知加入 Al$_2$O$_3$ 会增大 EOT，当 Al$_2$O$_3$ 厚度为 4 nm 和 8 nm 时，EOT 值分别为 6.68 nm 和 9.73 nm。由于电场强度 E_i 与恒偏压 V_g 下的 EOT 成反比，在 InAlAs 和 HfO$_2$ 之间插入 Al$_2$O$_3$ 薄膜可以降低在相同 V_g 下的 E_i，这有助于降低漏电流。值得注意的是，提高 EOT 会降低器件的栅控能力。根

据 $C-V$ 试验数据计算得到的等效介电常数 ε_{ox} 可知,具有 HfO_2/Al_2O_3 电介质的样品的 ε_{ox} 值低于仅具有 HfO_2 电介质的样品,并且 ε_{ox} 值随着 Al_2O_3 膜厚度的增加而减小,其原因在于 Al_2O_3 的介电常数低于 HfO_2。

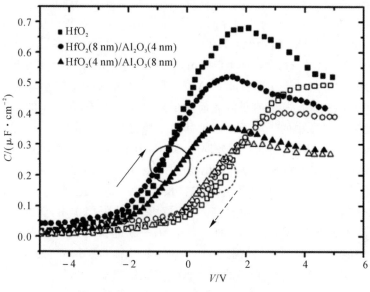

图 4-29　MOS 电容器的 $C-V$ 测量曲线

表 4-7　$HfO_2/n-InAlAs$ 和 $HfO_2-Al_2O_3/n-InAlAs$ MOS 电容器的物理和电学参数

参数	$HfO_2/n-InAlAs$	$HfO_2(8\ nm)/Al_2O_3$ $(4\ nm)/n-InAlAs$	$HfO_2(4\ nm)/Al_2O_3$ $(8\ nm)/n-InAlAs$
$C_{ox}/(\mu F \cdot cm^{-2})$	0.680	0.517	0.355
EOT/nm	5.08	6.68	9.73
ε_{ox}	9.22	7.01	4.81
$C_{FB}/(\mu F \cdot cm^{-2})$	0.374	0.319	0.249
V_{FB}/V	-0.31	-0.44	-0.23
N_{eff}/cm^{-2}	1.83×10^{12}	1.81×10^{12}	0.78×10^{12}
$\Delta E_{CB}/eV$	1.120	1.179	1.563

氧化物电荷 N_{eff} 的有效密度(表明 MOS 电容器的质量)可由平带电容 C_{FB}

和平带电压 V_{FB} 来估算。样品的估计值如表 4-7 所示。首先,比较单 HfO_2 介质样品的 N_{eff} 值和 HfO_2(8 nm)/Al_2O_3(4 nm)介质的 N_{eff} 值。由于 Al_2O_3 与 InAlAs 的匹配性比 HfO_2 好,因此加入 Al_2O_3 薄膜可以改善界面质量[80,82],从而抑制杂质在介质层中的扩散。但是插入 Al_2O_3 薄膜则会在其与 HfO_2 中引入一个新的界面,从而产生额外的界面态,导致缺陷增加。这些相互竞争的影响可能导致两个样本的 N_{eff} 值相似。HfO_2(4 nm)/Al_2O_3(8 nm)多层介质的样品的 N_{eff} 值为 0.78×10^{12} cm^{-2},HfO_2(8 nm)/Al_2O_3(4 nm)多层介质的样品的 N_{eff} 值为 1.81×10^{12} cm^{-2}。因此,随着 Al_2O_3 厚度的增加,N_{eff} 减小。这种现象可以用 Al_2O_3 层较厚的样品有更好界面质量来解释。此外,Al_2O_3 的稳定性高于 HfO_2,因为 Al_2O_3 中的氧原子更难被其他杂质键(例如 In—、As—)俘获,形成 In—O 和 As—O 陷阱,因此厚度较厚的 Al_2O_3 层样品的 N_{eff} 值较低。为了验证这一论述,我们采用 XPS 来检查氧化物层中 As 和 In 元素的扩散状态。结果显示了氧化层上 30 s 刻蚀前、后的 XPS 谱(预计 30 s 刻蚀达到 6 nm 的氧化层深度)。XPS 谱图 4-30 所示,由于高 k 介质对杂质的阻挡作用,腐蚀前的 As 3d 峰和 In 3d 峰均低于 30s 刻蚀后的峰。与 Hf—O 键相比 Al—O 键对杂质颗粒的扩散具有更强的阻隔作用,因此 HfO_2(4 nm)/Al_2O_3(8 nm)的样品 As 浓度较 HfO_2(8 nm)/Al_2O_3(4 nm)的样品低。实验结果表明虽然 Al_2O_3 能够阻止 As 的扩散,但 4 nm 的 Al_2O_3 层的阻挡作用并不理想,说明 Al_2O_3 必须有一定的厚度才能对杂质起到良好的阻隔作用。而对于 In 的扩散,则由于氧化层中的 In 扩散较弱,刻蚀前的 In 含量可以忽略不计。同时低 N_{eff} 有助于抑制 C-V 曲线中的滞后现象,这解释了 HfO_2(4 nm)/Al_2O_3(8 nm)层压介质(见图 4-29)样品的最低 C-V 曲线的滞后现象。

MOS 电容器的漏电流如图 4-31 所示。负偏压时,与参考文献中的结果进行比较,HfO_2(4 nm)/Al_2O_3(8 nm)/n-InAlAs MOS 电容器的漏电流密度在 $-3 \sim 2$ V 的偏压下显著降低(低于 10^{-7} A/cm^2),比 HfO_2/n-InAlAs MOS 电容器也低一个数量级。其中一个原因是插入的 Al_2O_3 膜抑制了低 k 界面层的形成,并且提高了 HfO_2 和 InAlAs 之间的匹配性。另一个原因便是 Al_2O_3 的势垒高度比 HfO_2 高,使得 HfO_2-Al_2O_3/n-InAlAs MOS 电容器的载流子克服势垒形成漏电流的可能性较小。在正偏压下,电子通过穿过高 k/InAlAs 界面(ϕ_B)处的势垒来产生泄漏电流[83-84],通常计算 ϕ_B 的方法是根据氧化物和半导体之间的导带偏移量 ΔE_{CB} 来确定。在进一步研究势垒对泄漏电流影响的方法中,对 ΔE_{CB} 采用 Krant 法计算,结果见表 4-7。具有 HfO_2(4 nm)/Al_2O_3(8 nm)多层介质的样品显示出了最高的带偏移 ΔE_{CB}(1.563 eV),这是因为 Al_2O_3 具有较高的势垒高度,因此具有 8 nm 厚 Al_2O_3 膜的样品显示出明显较低的漏电流。

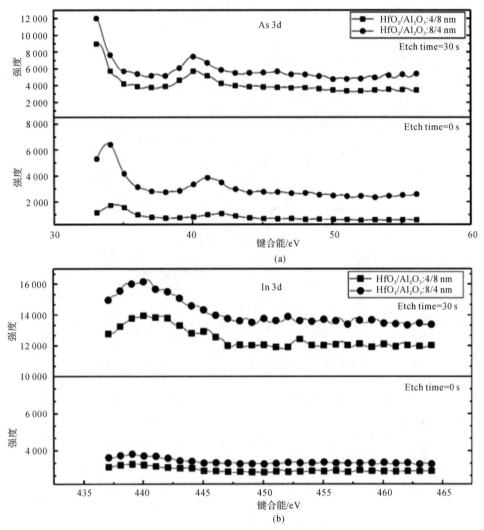

图4‐30　刻蚀30 s前后的XPS图像

(a) As 3 d；　(b) In 3 d

含 HfO_2(8 nm)/Al_2O_3(4 nm)多层介质的样品的 ΔE_{CB} 值为 1.179 eV,含 HfO_2 层介质的样品的 ΔE_{CB} 值为 1.120 eV。然而当施加正偏压时,HfO_2(8 nm)/Al_2O_3(4 nm)多层栅介质的样品的漏电流比单一 HfO_2 栅介质的样品更高。究其原因是 4 nm 的 Al_2O_3 层太薄,不能有效抑制漏电流,同时 Al_2O_3‐HfO_2 界面上的附加态降低了漏电流。因此在正向偏压下,具有 HfO_2(8 nm)/

$Al_2O_3(4\ nm)$介质的样品的漏电现象相对较大。器件的漏电流机理比较复杂，我们将在下一步的工作中对其进行详细的研究。

表 4-7 中比较了 $HfO2/n-InAlAs$ 和 $HfO_2-Al_2O_3/n-InAlAs$ MOS 电容器的物理和电学参数。

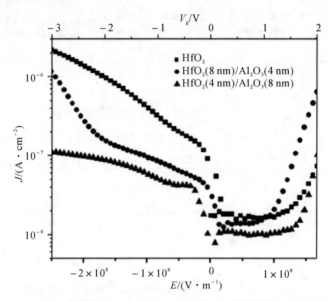

图 4-31　外加偏压为-3~2 V 时 3 个 MOS 电容器泄漏电流密度测量

总之，与 $HfO_2/n-InAlAs$ MOS 电容器相比，$HfO_2-Al_2O_3/n-InAlAs$ MOS 电容器具有较高的 EOT 和较低的 N_{eff}，有助于漏电流的抑制。$HfO_2-Al_2O_3/n-InAlAs$ MOS 电容器具有较高的导带偏移，使其漏电流在外加偏压为-3~2 V 时降低 $10^{-7}\ A/cm^2$。因此，$Al_2O_3-HfO_2$ 叠层介质改善了 InAlAs 上的高 k 栅介质并抑制了漏电流，$HfO_2-Al_2O_3/n-InAlAs$ MOS 电容结构是 InAs/AlSb 和 InAlAs/InGaAs HEMT 隔离栅的良好选择。

4.2.4　HfAlO/InAlAs MOS 电容漏电特性分析

$HfO_2-Al_2O_3/n-InAlAs$ MOS 和 $HfO_2/n-InAlAs$ MOS 两个 MOS 电容器的漏电流密度 J 随偏置电压 V 变化的测量结果如图 4-32 所示。当偏压变化范围为-5~5 V 时，两个器件的漏电流密度范围均为 $10^{-9}\sim10^{-4}\ A/cm^2$。这两个装置在±0.5 V 时均具有小的电流密度，但随着 V_g 的增加，二者的差别开始变得明显。研究发现 HfAlO/n-InAlAs MOS 电容的电流密度要低于

HfO$_2$/n - InAlAsMOS 电容的电流密度。J 随电场强度 E 变化的曲线如图 4 - 33 所示,图中清楚地说明了 HfAlO/n - InAlAs 器件在相同场强下具有较低的电流。

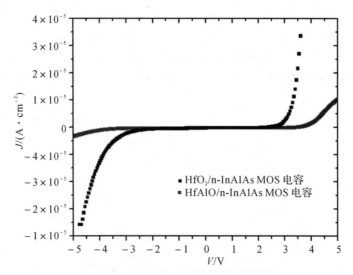

图 4 - 32　MOS 电容器的漏电流密度 J 与偏置电压 V 的关系曲线

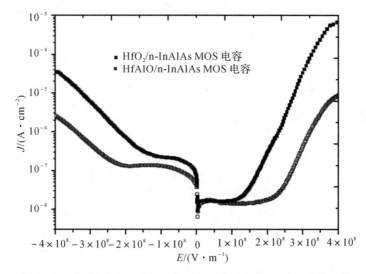

图 4 - 33　MOS 电容器的漏电流密度 J 与电场强度 E 的关系曲线

本书考虑了几种不同的漏电流传导机制。

(1)空间电荷限制(SCL)传导通常发生在低偏压条件下[85],其包括欧姆定律、带填充极限(TFL)发射和 Child 定律。欧姆定律是最典型的 SCL 机制,可以通过 $J - V_g$ 曲线的线性拟合来验证。如图 4 - 34 中的拟合区域中 V 的绝对值较低时所示,两个电容器的基本传导机制就是欧姆定律。这一结果表明在低偏压条件下,来自氧化层陷阱中心的热激发电子的密度大于来自半导体或金属的注入电子的密度,导致器件中漏电流较小。随着电压的升高,当注入的电子与热自由载流子之间达到平衡时,泄漏电流机制则以 Child 定律描述。如图 4 - 35 中 lnJ 与 lnV 的斜率约为 2 时所示,通过 $J - V^2$ 曲线的直线拟合可以得到 Child 定律。

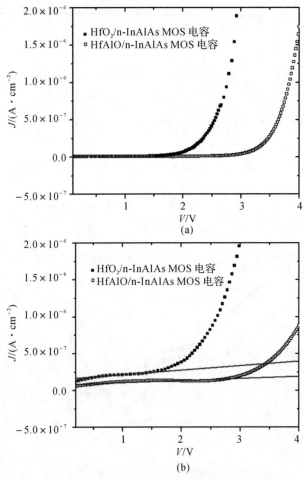

图 4 - 34　MOS 电容的欧姆定律

(a)正偏压;　(b)负偏压

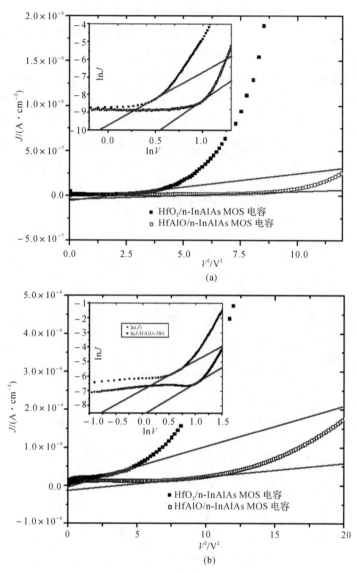

图 4 - 35　MOS 电容器的 Child 定律曲线

(a)正偏压；　(b)负偏压

　　(2)除 SCL 传导之外,肖特基发射(SE)是另一个主要的泄漏机制,并且可以从图 4 - 36 的 $\ln J - E^{1/2}$ 曲线的线性拟合中得到验证。可以得到 $HfO_2/n -$ InAlAs MOS 电容器的 SE 发生在电压范围 $-3.4\sim-2$ V 和 $1.85\sim3$ V 内, HfAlO/n‐InAlAs MOS 电容器的 SE 则在 $-3.6\sim-2.9$ V 和 $2.9\sim3.3$ V 下

发生。由图 4.36 分析可知,SE 图的斜率中提取的介电常数 ε_{ox} 的值与光学介电常数相当。势垒高度 ϕ_B 可以从方程中提取出来,即 $\phi_B = k_B T \ln(AT^2/J_0)/q$(其中,$k$ 是玻尔兹曼常数,T 是热力学温度,q 是电子电荷,A^* 是有效理查森常数,J_0 是饱和电流密度,可通过线性外推 $E=0$ 提取 J),值列于表 4-8 中。我们发现 HfAlO/n-InAlAs MOS 电容器的 ϕ_B 高于 HfO$_2$/n-InAlAs MOS 电容器的 ϕ_B,这正是 HfAlO/n-InAlAs 器件在 SE 区漏电流较低的原因。对于两个电容器正,偏压下的 $\phi_{B,p}$ 高于负偏压下的 $\phi_{B,n}$,这表明半导体一侧的势垒高于金属侧的势垒,即当 SE 占主导地位时,正偏压下的漏电流比负偏压下的漏电流小。

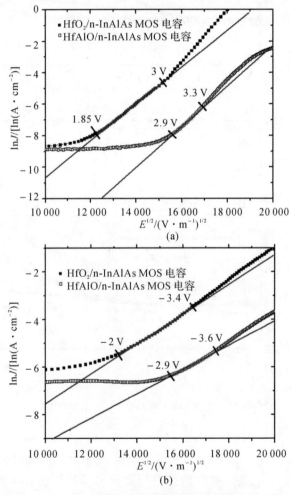

图 4-36 MOS 电容器的肖特基发射曲线

(a)正偏压; (b)负偏压

表 4 - 8　MOS 电容器提取的势垒高度 ϕ_B 值

势垒高度提取	HfO$_2$/InAlAs	HfAlO/InAlAs
通过 SE 提取的 $\phi_{B,n}$/eV	0.80	0.85
通过 SE 提取的 $\phi_{B,p}$/eV	0.85	0.97
通过 FN 提取的 $\phi_{B,n}$/eV	0.77	0.81
通过 FN 提取的 $\phi_{B,p}$/eV	0.61	0.65

电介质-半导体界面的导带偏移量（ΔE_{CB}）显示了电荷载流子的分离和局部化程度，并具化了载流子穿过势垒与产生漏电流的能力，这也对应于 SE 机制中的势垒高度 $\phi_{B,p}$。波段偏移量可根据下列两式计算：

$$\Delta E_{VB} = (E_{VBM}^{dielectric} - E_{VBM}^{InAlAs}) \tag{4-38}$$

$$\Delta E_{CB} = E_g^{dielectric} - \Delta E_{VB} - E_g^{InAlAs} \tag{4-39}$$

其中，ΔE_{VB} 是价带偏移量，ΔE_{CB} 是导带偏移量，E_g^{InAlAs} 是 InAlAs 的带隙宽度（1.46 eV），$E_g^{dielectric}$ 是电介质的带隙宽度。根据文献报道，HfO$_2$ 的介电常数在 5.4 eV[86] 到 6 eV[87] 之间，本书选择了中间值 5.8 eV；对于 HfAlO，根据 HfO$_2$ 和 Al$_2$O$_3$ 带隙宽度以及两者的化学计量比进行推算后，选择的是 6 eV。E_{VBM}^{InAlAs} 是 InAlAs 价带的最大值（即 0.345 eV）。$E_{VBM}^{dielectric}$ 是电介质价带的最大值，通过 XPS 谱线计算得到约为 $-5 \sim 20$ eV[88]。对于 HfO$_2$ 和 HfAlO，$E_{VBM}^{dielectric}$ 分别为 3.565 eV 和 3.545 eV。表 4 - 9 列出了施加正电压时两个电容器的频带偏移量 $\Delta E_{CB,p}$ 的计算结果。与 HfO$_2$/n - InAlAs MOS 电容器的 1.12 eV 值相比，HfAlO/n - InAlAs MOS 电容器的 $\Delta E_{CB,p}$ 值高达 1.34 eV。这一结果表明从 HfO$_2$ 到 HfAlO 的替换会使电子更难以隧穿通过介质-半导体界面上的势垒，使漏电流也更不易产生。前面计算的 $\phi_{B,p}$ 值低于 $\Delta E_{CB,p}$，这种差异可以用肖特基势垒降低效应来解释，因为现有的 E 降低了界面势垒，并且非理想的介电-半导体界面也有助于降低势垒高度[89]。

表 4 - 9　MOS 电容器的提取频带偏移值

参数	HfO$_2$/n - InAlAs	HfAlO/n - InAlAs
E_{VBM}^{InAlAs}/eV	0.345	0.345
$E_g^{dielectric}$/eV	5.8	6.0
$E_{VBM}^{dielectric}$/eV	3.565	3.545
$\Delta E_{VB,p}$/eV	3.22	3.2
$\Delta E_{CB,p}$/eV	1.12	1.34

(3)弗兰克-普尔(F-P)发射机制是氧化层中陷阱对载流子的俘获作用引起的,可以用 $\ln(J/E_i)-E_i^{1/2}$ 关系曲线进行线性拟合来证实。介电常数 ε_{ox} 可以从斜率[即 $(q/kT)(q/\pi\varepsilon_0\varepsilon_{ox})^{1/2}$]中提取。施加正偏压时,分别在 2.7~4 V 和 3.2~4 V 的偏压范围内的 $HfO_2/n-InAlAs$ MOS 电容器和 $HfAlO/n-InAlAs$ MOS 电容器的线性拟合如图 4-37(a)所示。计算得到的 ε_{ox} 值与光介电常数相当,从而验证了 F-P 的存在。负偏压下的 F-P 机理分析如图 4-37(b)所示,对于最陡处的线性拟合,提取出来的 ε_{ox} 值大于 35,但是,与光介电常数相比,该值相当高,因此,当施加负偏压时,这两个 MOS 电容器都不可能发生 F-P 机制。

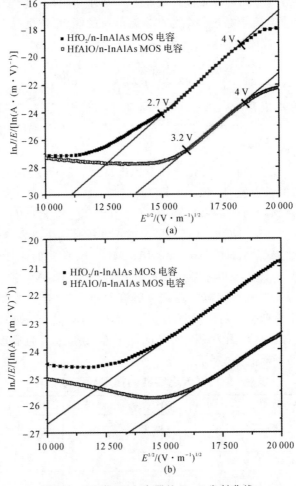

图 4-37 MOS 电容器的 F-P 发射曲线

(a)正偏压; (b)负偏压

(4)Fowler - Nordheim(F - N)隧穿是被假设在高偏压条件下发生的,在这种情况下载流子能够获得足够的能量通过氧化层的三角形势垒调谐,这可以通过对 $\ln(J/E_i^2) - 1/E_i$ 曲线进行线性拟合来验证,具体结果如图 4 - 38 所示。从 F - N 隧道图的斜率计算的 ϕ_B 值与从 SE 获得的值的结果比较如表 4 - 8 所示。该分析表明 HfO_2/n - InAlAs MOS 电容器发生 F - N 效应的电压范围为$-5\sim$ -3.4 V 和 3.1$\sim$5 V,HfAlO/n - InAlAs MOS 电容器发生该效应的电压范围为$-5\sim$$-3.6$ V 和 3.3$\sim$5 V。

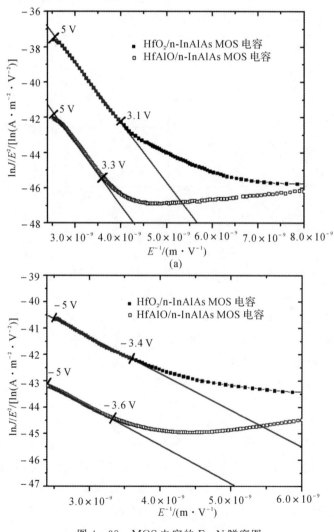

图 4 - 38　MOS 电容的 F - N 隧穿图

(a)正偏压；　(b)负偏压

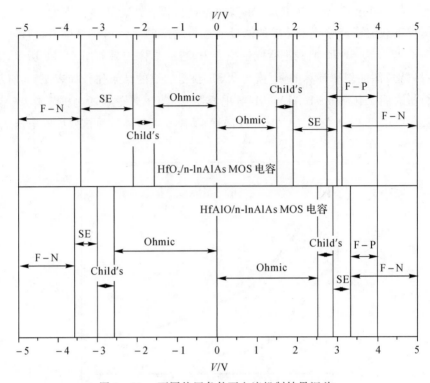

图 4-39　不同偏压条件下电流机制结果汇总

图 4-39 总结了在不同偏压条件下获得的漏电机制结果,包括 SCL、SE、F-P 和 F-N。结果表明,SCL 发生在低偏压条件下,随着电压的升高,以 SE 和 FP 机制为主,在高电场下 F-N 隧穿占主导地位。与 $HfO_2/n-InAlAs-MOS$ 电容器相比,$HfAlO/n-InAlAs-MOS$ 电容器具有更高的 ϕ_B 和 $\Delta E_{CB,p}$ 值,表明其漏电流密度降低。综上在理论上分析了为什么 $HfAlO/n-InAlAs$ MOS 电容器是 InAs/AlSb 异质结绝缘栅的优良选择。

4.2.5　退火温度对电容特性影响

为了研究退火温度对 MOS 电容的影响,对不同退火温度的 HfAlO/InAlAs MOS 电容器样品开展了制备,退火温度分别采用 280℃,330℃,380℃,430℃,480℃等五挡,并对退火温度对 HfAlO/InAlAs MOS 电容器的界面特性和电学特性的影响开展详细的研究。通过对比不同样品 InAlAs 表面的 XPS 测试结果发现,当退火温度升高到 430℃ 及以上时,HfAlO/InAlAs 界面陷阱密度升高,界面质量变差。通过对 HfAlO/InAlAs MOS 电容器的等效氧化层厚度(EOT)、阈值电压(V_{th})、界面陷阱密度(D_{it})等参数的进一步分析发现,380℃为 PDA 处理的最佳温度,该条件下的 HfAlO/InAlAs MOS 电容器的 EOT 更小,V_{th}更小,具有足够低的泄漏电流,满足 InAs/AlSb HEMT 的应用需求。

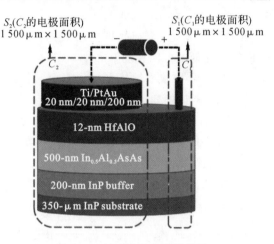

图 4 - 40 MOS 的电容结构图

HfAlO / InAlAs MOS 电容的结构如图 4 - 40 所示,在 GaAs 衬底上生长 1.5 μm 厚的 $In_{0.5}Al_{0.5}As$ 层,Si 掺入形成 n 型外延,掺杂浓度为 $1 \times 10^{17} cm^{-3}$。InAlAs 生长后,立即在其上采用 ALD 技术淀积氧化层(控制 InAlAs 外延生长完成之后,时间控制在 10 min 内拿到 ALD 真空环境中,以避免 InAlAs 表面发生氧化)。之后对氧化层进行退火(PDA),退火温度分别为 280℃,330℃,380℃,430℃,480℃。栅金属选择 Ti/Pt/Au,其中靠近氧化层的 Ti 金属具有优越的黏附性,可以防止半导体中的污染物质进入金属中产生缺陷而形成漏电通道[82],Pt 层金属可以防止其上层 Au 金属进入氧化层造成污染和缺陷,Au 层金属的接触电阻非常小,有利于电流的输运。其中最小电极的面积为 150 μm × 150 μm,次大的电极为最小电极的 25 倍,最大的电极为最小的 100 倍。电极间面积差异大有利于将栅压基本全部加在小电极上,使大小电极法具有更高的精度。

对每一种结构进行 XPS 测试,分别提取对氧化层刻蚀 0 s,30 s,60 s 时的测试结果。如图 4 - 41 显示了在不同温度下进行退火处理的样品刻蚀 30 s 的 XPS 测试结果,根据图 4 - 41 分析氧化层内部的物质组成及含量。从图 4 - 41 (a)中可以看出,随着退火温度升高,high - k InAlAs MOSCAP 的 As 3d 峰向更高结合能的方向移动,这主要是由于表面处理产生 As - H 化合物。同时,当退火温度超过 380℃ 时,部分 HfAlO 中的氧原子的化学键断裂,并透过 HfAlO 扩散至界面层,与 InAlAs 发生反应生成了 As-O 化合物,也使 As 3d 峰值向右移动。As-O 化合物介电常数较低,不利于界面质量。在不同 PDA 温度下,Hf 4f 能谱图如图 4-41(b) 所示。可见,退火温度为 430℃,480℃ 的样品的峰值具有较低的结合能,这是因为 Hf 元素在 HfAlO 中结合能为 18.4eV,在 HfO$_2$ 中的结合能为 17.2eV,当退火温度足够高时,氧化层表面与空气中的氧结合产生 HfO$_2$,使 Hf 4f 峰向结合能低的方向移动。和 Hf-Al-O 键相比,Hf-O 键的稳定性相对差些,致密性较弱,导致半导体层的元素更容易进入氧化物层,降低氧化层的整体质量。Al 2p 能谱图如图 4-41(c) 所示。可见,Al 2p 能谱图也呈现出与 Hf 4f 能谱图相同的趋势,随着退火温度升高,氧化层中 Al 原子捕获空气中的氧,形成 Al$_2$O$_3$,使 Al 2p 峰向结合能低的方向移动,定会降低界面质量,对 MOS 栅电容的电学性能产生不利影响。图 4-41(d) 所示不同样品的 In 3d 浓度都很小,可以忽略不计,这说明 HfAlO 介质中 In 元素具有弱扩散性[80],因此,In 化合物不会降低氧化物层的质量。

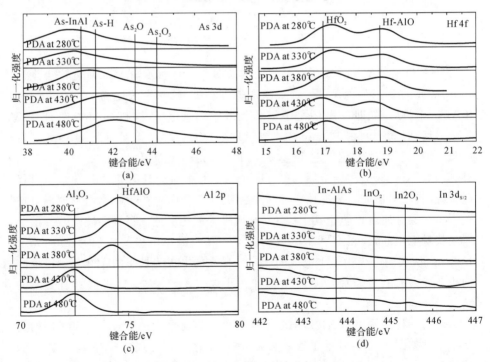

图 4-41　PDA 过程后 XPS 测量结果

(a) As 3d;　(b) Hf 4f;　(c) Al 2p;　(d) In 3d$_{5/2}$

　　对 O 1s 能谱进行分峰以进一步分析 HfAlO / InAlAs 界面。为了呈现不同退火温度样品的最典型区别,这里仅分析 PDA 温度为 280℃,380℃ 和 480℃ 的样品。分峰结果及不同氧化物的含量如图 4-42 所示,可见,与退火温度为 280℃ 和 380℃ 的样品相比,PDA 温度为 480℃ 的样品,在界面上检测到大量的 As-O,In-O 和 Al-O 状态,这将导致界面质量下降。此外,PDA 温度为 480℃ 的样品 HfAlO 浓度较低,这主要是因为氧化层表面与空气接触,当温度足够高时空气中的 O 原子被俘获形成 HfO$_2$,同时多余的空位氧形成电荷陷阱,也将对界面质量产生不利影响。因此在 380℃ 及以下的温度进行退火,有利于改善界面质量,提高 MOS 栅电容电学性能。

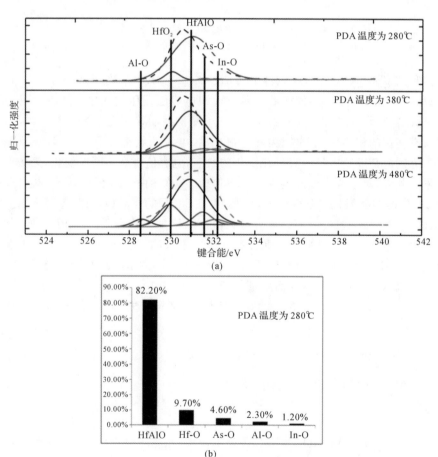

图 4-42　不同退火温度下的 XPS 测试结果和氧化物占比

(a)在 280℃、380℃ 和 480℃ 的不同 PDA 温度的 XPS 测试结果;

(b)280℃ 退火温度下的氧化物占比;

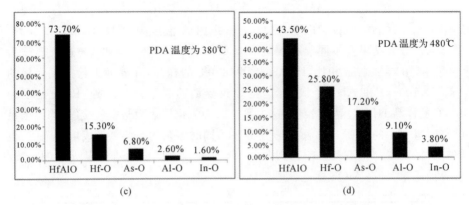

(c)　　　　　　　　　　(d)

续图 4 - 42　不同退火温度下的 XPS 测试结果和氧化物占比

(c)380℃退火温度下的氧化物占比；　(d)480℃退火温度下的氧化物占比

　　利用 Keithly 在 1MHz 条件下对 HfAlO/InAlAs 结构进行高频法 $C-V$ 测试,如图 4 - 43 所示为不同样品的单位面积电容随栅压的变化。从图中可以看出退火温度为 430℃和 480℃的样品的 $C-V$ 曲线明显不同于另外三种样品,它们没有确定的积累区,这是因为漏电很严重,电流从氧化层不断泄漏,导致氧化层下方的电荷随着电压一直处在变化的状态,电容值也在不断地变化,无法形成积累。此外,对于退火温度为 280℃、330℃、380℃的样品,在积累区,退火温度为 380℃的样品氧化层电容最大,而 PDA 在 280℃的样品最小;随着退火温度增加,$C-V$ 特性曲线向左偏移,电容最大值逐渐增加。这说明进行 PDA 处理时,随着退火温度增加,HfAlO 介质层中氧空位等缺陷进一步减小,但当退火温度超过 380℃时,在氧化层中形成了具有较低介电常数的其他氧化物(如 As - O、In - O 和 Al - O),降低了界面质量,引起较大的漏电。

　　本次实验的样品的氧化层物理厚度均为 12 nm,根据下式计算等效氧化层厚度 EOT:

$$\mathrm{EOT} = \frac{\varepsilon_{\mathrm{SiO_2}} \varepsilon_0}{C_{\mathrm{ox}}} \tag{4-40}$$

进而根据下式计算氧化层等效介电常数 $\varepsilon_{\mathrm{ox}}$:

$$\varepsilon_{\mathrm{ox}} = \frac{\varepsilon_{\mathrm{SiO_2}} t_{\mathrm{ox}}}{\mathrm{EOT}} \tag{4-41}$$

　　HfAlO/InAlAs MOS 电容的阈值电压 V_{th} 根据下列两式从 $C-V$ 测量结果中提取,结果由表 4 - 10 给出:

$$C_{\mathrm{FB}} = \frac{\varepsilon_{\mathrm{ox}} \varepsilon_0}{t_{\mathrm{ox}} + \dfrac{\varepsilon_{\mathrm{ox}}}{\varepsilon_{\mathrm{InAlAs}}} \sqrt{\dfrac{kT}{q} \dfrac{\varepsilon_{\mathrm{InAlAs}} \varepsilon_0}{qN_{\mathrm{d}}}}} \tag{4-42}$$

$$V_{th} = V_{FB} - 2\frac{kT}{q}\ln\left(\frac{N_d}{n_i}\right) - \frac{\sqrt{\dfrac{4q\varepsilon_{InAlAs}\varepsilon_0 N_d}{\left[(kT/q)\ln(N_d/n_i)\right]}}}{\varepsilon_{ox}\varepsilon_0/t_{ox}} \tag{4-43}$$

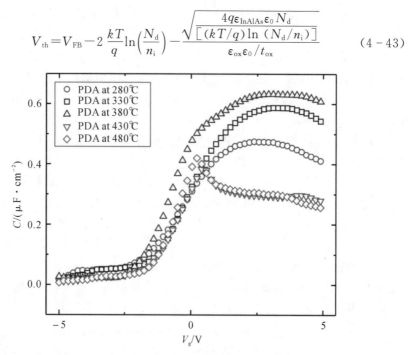

图 4 - 43 不同 PDA 温度下 HfAlO / InAlAs MOS 电容的 C - V 曲线

表 4 - 10 不同 PDA 温度下从 HfAlO/INALAS MOS 电容器的 C - V 测量中提取的电气参数

PDA/℃	t_{ox}/nm	C_{ox}/(μF · cm^{-2})	EOT/nm	ε_{ox}	C_{FB}/(μF · cm^{-2})	V_{FB}/V	V_{th}/V
280	12	0.479	7.21	6.49	0.322	2.60	1.65
330	12	0.524	6.59	7.10	0.305	2.49	1.39
380	12	0.589	5.86	7.99	0.255	2.38	0.953
430	12	0.435	7.93	5.90	0.267	0.23	-1.16
480	12	0.393	8.79	5.33	0.286	0.12	-1.35

可见,EOT 随退火温度的升高而减小,但当温度超过 380℃时,由于 HfAlO 与 InAlAs 之间形成了低 k 界面层,EOT 逐渐增大。退火温度为 380℃的样品的 EOT 最小,等效介电常数最大。这表明当等效氧化层厚度一致时,选择 380℃退火工艺可以允许更大的氧化层物理厚度,这可以更好地抑制栅漏电流。平带电容和平带电压的变化趋势与 EOT 相同,退火温度为 380℃时最小。栅压

超过平带电压的有效电压,使得半导体表面出现空间电荷层(耗尽层),然后再进一步产生反型层,因此小的平带电压有利于减小 V_{th},进而降低器件的功耗。V_{th} 的变化主要来源于 HfAlO 中的固定电荷的变化。由于 HfAlO 栅介质的固定电荷主要是氧空位且显正电性,因此 V_{th} 随着退火温度增加而减少的变化主要是由 HfAlO 中氧空位的钝化引起的。退火温度不小于 430 ℃时 C-V 曲线变差,因此 V_{th} 提取误差较大。

根据 Terman 法对 C-V 测试结果进行分析,为了呈现不同退火温度样品的最典型区别,这里仅分析 PDA 温度为 280℃,380℃,和 480℃的样品,得到界面态密度 D_{it} 如图 4-44 所示。结果表明,退火温度为 480℃的样品界面态密度最大,退火温度为 380℃的样品界面态密度最小。因为从前面的 XPS 分析中可知 480℃时铝、砷、氧等元素最易在 HfAlO 中扩散,这些元素在氧化层中与其他元素结合或以游离态存在,使得悬挂键增加,界面态密度增大。Hf 的前驱体与原位氧结合的能力弱于 Al 的前驱体,易在界面处留下多余的氧原子,造成界面态的增加。由于 380℃ PDA 的样品界面氧化物的杂质成分较少,氧空位等缺陷最少,因此氧化层的悬挂键含量小于其他样品,从而界面态最低。

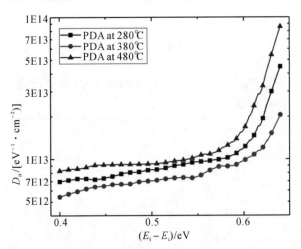

图 4-44 不同 PDA 温度下 HfAlO/InAlAs MOS 电容的界面势阱密度 D_{it}
(E_t-E_i)表示的是从界面势阱(E_t)到本征费米能级(E_i)

本节研究了 PDA 工艺对 HfAlO / InAlAs MOS 电容界面特性和电学特性的影响。实验结果表明,随着退火温度升高,氧化层 EOT 减小,等效介电常数增大,更有利抑制了栅漏电流,同时 V_{th} 减小,有利于降低 HEMT 器件功耗。但当退火温度不小于 430℃时,HfAlO / InAlAs 界面低 k 氧化物增加,氧化层等效介电常数减小,栅漏电增加,V_{th} 值误差增大,界面质量下降。综合考虑退火温度对 EOT、V_{th}、D_{it} 等参数的影响，将 380℃ 作为 HfAlO 栅介质 PDA 处理的优化条件，有利于 InAs/AlSb HEMTs 器件的进一步应用。

4.3　InAs/AlSb MOS – HEMTs 器件物理仿真

在 4.2.2 节中，对 HfO_2/n – InAlAs MOS 电容进行了单独的制备和分析。实验结果表明，HfO_2/n – InAlAs MOS 电容相对金属—半导体肖特基接触而言能够有效地降低漏电。本节将对以 HfO_2/n – InAlAs MOS 电容为隔离栅的 InAs/AlSb MOS – HEMTs 进行 Sentaurus 仿真，以评估隔离栅对器件其他性能的影响。

器件模拟的主要步骤如图 4 – 45 所示。

(1)首先在 Mdraw 环境下创建器件 2D 或者 3D 的剖面图，然后按照需求进行掺杂，同时对网格进行合理划分。对于某些特殊的区域，如电流密度、掺杂浓度、电场强度等参数变化很大的区域，需要对网格进行进一步细化，以提高仿真结果的精确度，并使仿真结果收敛。

(2)根据待仿真器件的物理结构，选择对应的物理宏模型，在此基础上编写 desis 文件(desis 文件主要包括输入输出定义、电极定义、物理模型、数学方法以及求解等五个部分)。parameter 参数文件中对应的相关参数需要按照材料的特性进行重新设置。

(3)根据需要，对 Inspect 文件所对应的仿真曲线进行编辑。

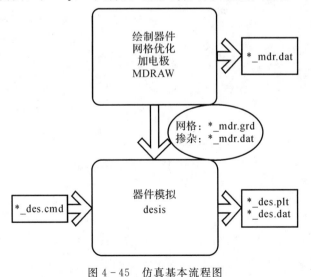

图 4 – 45　仿真基本流程图

4.3.1　仿真结构

器件的仿真结构如图 4 - 46 所示。将栅长设置为 40 nm，将栅宽设置为 60 μm，源漏间距为 1.7 μm，栅源、栅漏间距均为 0.1 μm。

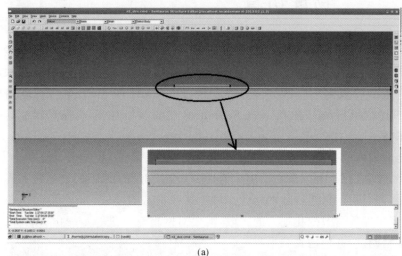

(a)

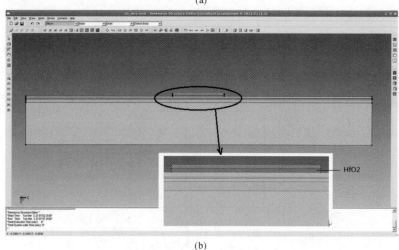

(b)

图 4 - 46　InAs/AlSb HEMTs 器件 Santruras 仿真结构剖面图
(a)肖特基栅；　(b) MOS 电容栅

如图 4 - 46 所示，仿真软件中所创建的器件剖面结构图包括以下部分：
(1)衬底选用 GaAs 材料，之上为 700 nm AlGaSb 缓冲层用作晶格匹配的过渡,减少沟道材料和衬底材料之间的晶格失配对器件性能的影响。

(2)50 nm AlSb 下势垒层:该层可以在一定程度上将沟道电子限制在很窄的沟道之中,同时该层起到缓冲层的作用,可以进一步提高 InAs 沟道和衬底的晶格匹配,减小由失配造成的器件性能恶化。

(3)15 nm InAs 沟道层:InAs 材料的禁带宽度很窄,约为 0.35 eV,其导带底比两侧宽带隙的 AlSb 势垒低很多,这将形成很深的电子势阱,有效提高沟道中二维电子气浓度。不同的 InAs 沟道层厚度将导致沟道中二维电子气呈现不同的迁移率和面密度。如果 InAs 沟道厚度选取过窄,沟道中量子阱能级将上升,二维电子气浓度将下降;相反地,如果 InAs 沟道过厚,则应力增加和晶格失配将导致弛豫效应的影响增加,从而导致失配位错的增加,这将严重恶化沟道载流子的迁移率。因此,模拟过程中参考其他文献,选取 InAs 沟槽层厚度为 15 nm。沟道未掺杂,但沟道材料具有 10^{16} cm^{-3} 的背景掺杂浓度。

(4) 5 nm AlSb 上层势垒:选取 5 nm AlSb 层生长在 InAs 沟道层之上,该层与 15nm InAs 沟道形成异质结,可以将载流子有效地限制在沟道中以增加二维电子气浓度。同时,该层可以有效阻止施主杂质向沟道方向扩散,将电离施主杂质与沟道载流子进行隔离,有效减小电离杂质散射对沟道载流子迁移率的影响,使得迁移率得到提升,因此又被称为隔离层。但实际上隔离层选取过厚会降低电子隧穿到沟道的概率,不利于二维电子气浓度的提高。因此折中考虑,选取 AlSb 上势垒层为 5 nm。

(5)5 nm InAs 掺杂层(Doping layer):采用 Si 掺杂,将 Si 掺入 InAs 中将使半导体呈现 n 型,其电离产生的电子成为沟道二维电子气的主要来源。本次仿真选定 Si 掺杂浓度为 10^{19} cm^{-3}。

(6) 6 nm InAlAs 阻挡层:采用 InAlAs 作为阻挡层,其也作为帽层刻蚀的阻止层;同时,其作为肖特基势垒层,可以有效降低栅极漏电。其厚度需要谨慎选择,过厚的阻挡层虽然可以有效地提高击穿电压和减少栅极漏电,但会抑制栅压对沟道电子的调制作用,导致器件的跨导减小。折中考虑,仿真选取 InAlAs 层厚度为 6 nm。

(7) 20 nm 帽层(Cap):InAs 层进行重掺杂,其上做源漏欧姆接触。由于 InAs 材料的禁带宽度非常窄,进行高掺杂有利于降低其上的欧姆接触电阻。为了模拟器件制备过程中源漏区用来形成欧姆接触的金属经过热退火后进入 InAs 沟道层中的过程,漏源两个电极深入到沟道并要进行 n 型重掺杂,在这里选取 InAs 帽层为 20 nm,掺杂浓度为 2×10^{19} cm^{-3}。

(8)10 nm HfO$_2$ high－k 氧化层:氧化层厚度的选取非常重要,过薄对漏电抑制作用不明显,而过厚的氧化层将降低栅控能力。折中栅控能力和漏电抑制,仿真选取 HfO₂ 的厚度为 10 nm。

（9）Ti/Pt/Au(20 nm/20 nm/200 nm)栅金属：金属栅结构所选择的金属为Ti/Pt/Au。其中靠近氧化层的为 Ti 层，Ti 金属可以防止半导体中的污染物质进入金属中产生缺陷而形成漏电通道；Ti 金属之上为 Pt 层，该层可以防止其上层 Au 金属进入氧化层造成污染和缺陷；Pt 上层为 Au 金属电极，其接触电阻非常小，以利于电流的输运。

4.3.2　仿真结果分析

在本次模拟中电子输运模型选择流体动力学模型，空穴的输运采用漂移-扩散模型，迁移率模型选取高场饱和模型，产生复合模型选取 SRH 复合模型。基于上述模型，对 InAs/AlSb MOS-HEMTs 进行仿真，得到器件的输出特性、转移特性、跨导以及频率参数等。

4.3.2.1　直流特性

设定漏源电压 V_{ds} 为 0～0.6 V，栅源电压 V_{gs} 从 -1.2 V 到 0 V 的范围内以0.1 V 步进递增，仿真所得的 I_d-V_{ds} 曲线如图 4-47 所示。可见在栅压固定的条件下，MOS-HEMT 相比肖特基 HEMTs 在相同的漏压下呈现出更高的漏极电流。

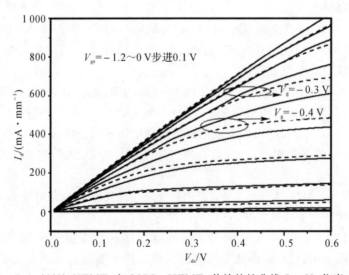

图 4-47　InAs/AlSb HEMTs 与 MOS-HEMTs 传输特性曲线 I_d-V_{ds} 仿真对比结果
实线表示 InAs/AlSb MOS-HEMTs，虚线表示 InAs/AlSb HEMTs

设定漏源电压 V_{ds} 为 $-1\sim0$ V,栅源电压 V_{gs} 从 0 到 0.4 V 的范围内以 0.1 V步进递增,仿真所得的 I_d－V_{gs} 曲线如图 4－48 所示。可见在相同的栅电压下,漏极电流随着漏源电压的增加而增大。意味着 MOS－HEMT 相比肖特基栅 HEMT,阈值电压变大,栅控能力降低。

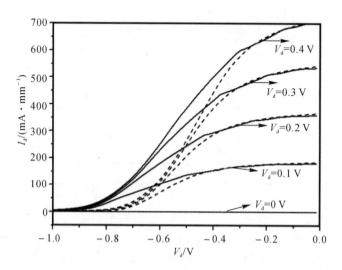

图 4－48　InAs/AlSb HEMTs 与 MOS－HEMTs 转移特性曲线 I_d－V_{gs} 仿真对比结果

实线表示 InAs/AlSb MOS－HEMTs,虚线表示 InAs/AlSb HEMTs

跨导定义为漏极电流对栅极电压的微分,如下:

$$g_m = \frac{\partial I_d}{\partial V_{gs}} \qquad (4-44)$$

因此我们对图 4－48 中的转移特性曲线求导,得到的跨导曲线如图 4－49 所示。可见在相同的漏压下,加入 MOS 电容栅之后器件的跨导峰值向更低的栅压方向移动,且稍微有所降低,但降低幅度不大。其中 MOS－HEMT 在跨导峰值的右侧出现了不平滑的曲线,这是由于氧化层对载流子散射造成的。

4.3.2.2　射频特性

1.电流增益截止频率 f_T 和最大振荡频率 f_{max}

图 4－50 和图 4－51 分别给出了截止频率和最大振荡频率随栅压变化的曲线,其中栅压在 $-1.5\sim0$ V 之间变化,漏压 V_{ds} 取固定值 0.2 V。我们发现对于 InAs/AlSb MOS－HEMT 而言,其截止频率 f_T 和最大频率 f_{max} 的最大值出现在 $V_{gs}=-0.8$ V 栅压偏置条件下,而肖特基栅 InAs/AlSb HEMTs 的截止频率

f_T 和最大频率 f_{max} 的最大值所对应的栅压则相对较高,为 -0.6 V。这是因为加入 MOS 电容栅之后,器件的栅控能力有所下降,阈值电压下降,使得整体频率曲线朝更低的栅压方向移动。

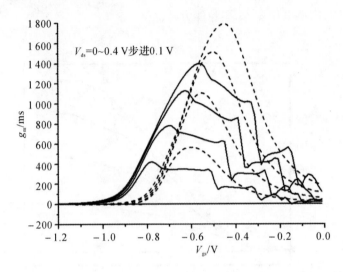

图 4 - 49 InAs/AlSb HEMTs 与 MOS - HEMTs 跨导 gm 仿真对比结果
实线表示 InAs/AlSb MOS - HEMTs,虚线表示 InAs/AlSb HEMTs

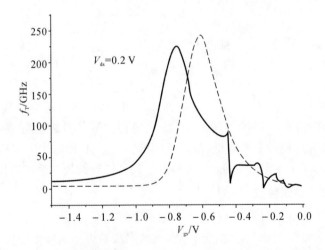

图 4 - 50 InAs/AlSb HEMTs 与 MOS - HEMTs 截止频率 f_T 仿真对比结果
实线表示 InAs/AlSb MOS - HEMTs,虚线表示 InAs/AlSb HEMTs

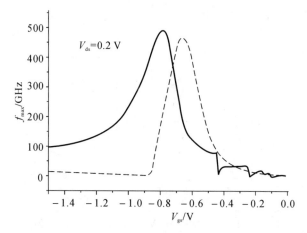

图 4-51　InAs/AlSb HEMTs 与 MOS-HEMTs 最大振荡频率 $f_{\max}$ 仿真对比结果

实线表示 InAs/AlSb MOS-HEMT，虚线表示 InAs/AlSb HEMT

2. 射频增益

在 $V_{ds}=0.2\text{V}$、$V_{gs}=-0.6\text{V}$ 的偏置条件下，电流增益 $|h_{21}|$ 和 Mason's 增益 U 的仿真曲线分别如图 4-52 和图 4-53 所示。发现相对于肖特基栅 InAs/AlSb HEMTs，InAs/AlSb MOS-HEMT 的 $|h_{21}|$ 值稍微有所降低，但降低幅度不大；而对于 Mason's 增益 U，7 GHz 频率以上 MOS-HEMTs 相比于肖特基 HEMTs 表现出更大值，当随着频率的继续增加，MOS-HEMTs 相比于肖特基栅 HEMTs 的增益则有所降低，值得注意的是，MOS-HEMTs 相比于肖特基 HEMTs 在 50 GHz 频率下的线性外推斜率更小，导致该偏置点下的最大频率 $f_{\max}$ 降低，这与图 4-51 中对应的 $f_{\max}$ 规律一致。

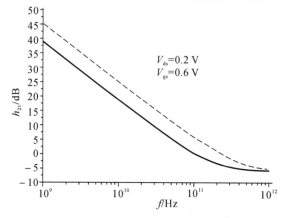

图 4-52　InAs/AlSb HEMTs 与 MOS-HEMTs 电流增益 $|h_{21}|$ 与频率的关系仿真对比结果

实线表示 InAs/AlSb MOS-HEMTs，虚线表示 InAs/AlSb HEMTs

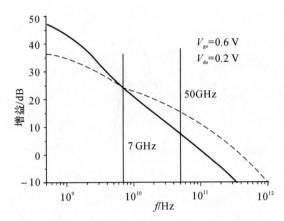

图 4-53　InAs/AlSb HEMTs 与 MOS-HEMTs Mason's 增益与频率的关系仿真对比结果

实线表示 InAs/AlSb MOS-HEMTs,虚线表示 InAs/AlSb HEMT

　　总之,根据上述的仿真结果发现,相对于 InAs/AlSb HEMTs 而言,InAs/AlSb MOS-HEMTs 的栅控能力稍显降低,但在直流和 RF 性能上差别不大。这为 InAs/AlSb 不同结构栅极的 HEMTs 器件的研究提供了理论依据。

第五章　InAs/AlSb HEMTs 器件模型

　　器件模型的求解在整个超大规模电路设计过程中占用了非常多的时间。一个好的器件模型应该具备非常高的准确性和计算效率,应用模型可以直接、高效地描述器件的性能,以便其能够成功带入电路设计。随着半导体工艺的不断发展,器件尺寸越来越小,使得器件模型的准确度和计算速率的实现更加困难。因此构建合理的器件模型在整个电路设计过程中至关重要。

　　绝对准确地器件模型是不存在的,所谓合适的器件模型是指在我们电路设计中所关注的点上提取得到的近似模型,如模型可以表征工作频率、信号幅度等等。好的器件模型需要满足以下几项要求:

　　(1)合理性:模型之间连接所形成的电路满足电路元件的特征方程,没有死点、非唯一解等不期望的非物理现象。

　　(2)模拟性:可以比较准确地模拟器件性能,即通过模型计算机仿真可以得到与实际测试结果十分相近的结果。

　　(3)特性相似性:当模型仿真过程中接入适当的激励源,模型呈现出与其应用性能相同的性能,比如具备相同的增益及饱和特性等。

　　(4)预测性:利用模型的计算机仿真,能够预测该模型所对应的实际器件的工作模式。

　　(5)结构稳定性:模型中各参数发生微小变化时,模型的主要特性不会因此而发生剧烈的变化,模型输出特性稳定。

　　器件模型可分为两类,一种是数学模型,另外一种是电路模型。其中,数学模型顾名思义就是用数学方程来模拟器件性能,其借助计算机辅助软件来实现,模型参数完全通过数值分析和最优化方法提取,计算非常复杂,精准度较低,主要分为数值模型和解析模型两种。而电路模型即用具体的电路元器件组合的等效电路来模拟器件性能,又称作 CAD 器件模型,该种模型简单、直接,可以在实验数据和模型拓扑的基础上直接提取参数,提取的参数有简明清晰的物理意义,模型精度较高并且有较宽的频带特性,是器件电路设计中所应用的器件模型的主流。下面主要介绍 CAD 器件模型的基本情况。

　　很多电路仿真工具中具有器件等效宏模型(Macro Model),所谓的宏模型即仿真工具中已经定义的基本物理模型。当出现新的电子器件时,可以通过重新组合各种基本物理模型来提出更为复杂的等效电路,并将该等效电路作为新的仿真模型来描述新的电子器件。模型的构造通常是根据器件所表现出的实际电学性能来提出的,并根据实际应用的需求,以器件的实际测试数据来提取等效电路中的线性和非线性参数,之后通过参数值和等效电路的联合来表征该器件的特性。通过该种方法提取的电路模型为经验模型。很多电子设计自动化(EDA)仿真软件都嵌入了丰富的基本物理模型库,如 SPICE、MWSPICE、LIBRA、IC - CAP、MDS、ADS、SERENADE 等。由于该类模型直接从测试结果提取,其精确度很高,并且简单直观,因此在电路设计过程中具备非常广泛的应用,但它也存在着一定的缺点,如测试结果的精确度直接影响着模型的精确度。本章构造的 InAs/AlSb HEMTs 器件的模型就是基于等效电路产生的。

栅极漏电效应和碰撞离化效应的影响使得 InAs/AlSb HEMTs 器件的实际射频和噪声性能均不能达到理论预期水平,而传统 HEMTs 器件模型构建过程中并未考虑该特殊效应,因此无法对器件性能进行准确表征。2002 年,Mark Isle 在传统 HEMTs 模型上设计了一款改进模型用来模拟碰撞离化效应对器件性能的影响,但准确度不足;2008 年,Mikael Malmkvist 在传统模型基础上建立了一种针对于 InAs/AlSb HEMTs 的小信号等效模型,该模型能够较为准确地模拟出栅极漏电对器件性能的影响,但该模型中未考虑碰撞离化效应。国内对于 InAs/AlSb HEMTs 器件模型的研究鲜有报道,笔者在攻读博士期间对器件小信号等效电路模型进行了初步研究并取得了一定成果[79,111-112],但并未对于器件噪声模型进行仔细研究。因此,本研究重点开展了适用于 InAs/AlSb HEMTs 的小信号噪声模型研究,解决传统模型中碰撞离化效应和栅极漏电效应对器件射频及噪声性能影响表征不准确的问题。

5.1　小信号等效电路模型理论

小信号等效电路模型是一种典型的 CAD 解析模型,它一方面描述了物理方程和几何结构之间的联系,另一方面也描述了器件所表征出的电学特性。因此当器件物理结构发生一些小的变化时,应用小信号等效模型依然可以有效地预测出其电学特性的趋势。当然,小信号等效模型也有缺点,由于其严重依赖于工艺,在不同工艺与器件结构中,模型参数的变化很大,因此需要重新提取模型参数。在出现新的器件特性时,也需要增加额外的元器件在等效电路中对模型进行修正,甚至需要重新建立模型。

针对 HEMTs 器件,我们常用的小信号等效电路模型如图 5 - 1 所示。

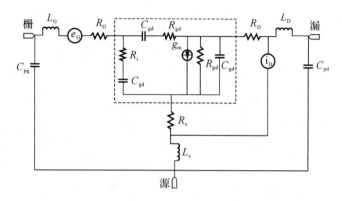

图 5-1　传统的 HEMTs 小信号等效电路模型[33]

在如图 5-1 所示的 HEMTs 模型中,主要包含两部分:本征参数部分(虚线框内)和非本征参数部分(虚线框外)。其中虚线框外的非本征参数主要包括接触电阻(R_g、R_d、R_s)、寄生电容(C_{pg}、C_{pd})和电感(L_g、L_d、L_s),并且这些参数通常为固定值,且不随外加偏置的变化而变化;虚线框内的本征参数包括 C_{gs}、C_{gd}、C_{ds}、g_m、g_d、R_i、R_{gd},这些参数是根据器件的物理性能以及实际的器件结构衍生出的拓扑结构,其随外加偏置的变化而变化,因此在不同偏置条件下,器件的等效电路模型相同,但本征参数值不同。其中,跨导为 g_m 的受控电流源用来表示栅极电压对器件工作状态的控制,同时可以反映源漏沟道电流,g_m 为器件的跨导;C_{ds} 表示沟道电容,即由于电子浓度不同而形成的扩散电容;g_d 表示沟道电阻;从器件结构上看,栅电极与半导体材料形成的肖特基接触可分为两部分,分别是栅源间的接触和栅漏间的接触,其中栅源间的接触由栅源电阻 R_i 以及栅源电容 C_{gs} 表征,栅漏接触由栅漏电阻 R_{gd} 与栅漏电容 C_{gd} 来表征(由于源漏间电势不同,C_{gs} 与 C_{gd} 分别为栅与沟道在源侧和漏侧的耦合电容,其值与栅下耗尽层中的电荷分布相关)。其中非本征元件参数可以根据 S 参数的 cold 测试得到[93,97],本征元件的参数值可以根据参考文献[95][97]中的方法进行直接提取。

该传统 HEMTs 的小信号等效电路模型可以简单模拟传统 HEMTs 器件的电学特性,然而对于 InAs/AlSb HEMTs 这种新型 HEMTs 器件,由于存在很多特殊效应(如 3.2 节所讨论的栅极漏电和碰撞离化现象),该种传统的 HEMTs 模型已经很难实现精确模拟。因此需要在该传统模型的基础上进行改进和优化,提出适用于 InAs/AlSb HEMTs 的专属器件模型。

5.2 InAs/AlSb HEMTs 器件
小信号等效电路模型

如 3.2 节中所分析,InAs/AlSb HEMTs 器件栅极漏电流显著,且受碰撞离化效应影响明显,因此需要对传统小信号等效电路模型进行改进。将目前国际上已发表的基于 InAs/AlSb HEMTs 器件的小信号等效模型汇总于表 5-1 中,发现已发表的器件模型的精确度有待提高。

表 5-1 目前国际上已将发表的基于 InAs/AlSb HEMTs 器件的小信号等效模型

参考文献序号	重点解决问题	模型描述	特点
[98]	模拟肖特基栅极漏电流	分别在 C_{gs} 和 C_{gd} 上并联 R_{gs} 和 R_{gd}	没有考虑碰撞离化效应
[99]	模拟碰撞离化效应	在源漏电阻 R_{ds} 上并联压控电流源 g_m 和 $C_m - R_m$	没有考虑栅极漏电流
[43][46]	模拟碰撞离化效应的频率响应	在表征碰撞离化效应的元器件上增加因子 $1/(1+j\omega\tau_{ii})$	模型不够精确

5.2.1 小信号等效电路模型

本节一共提出了三种适用于 InAs/AlSb HEMTs 的改进小信号等效模型,下面分别对每一种方法进行讨论。

5.2.1.1 第一种适用于 InAs/AlSb HEMTs 的改进小信号模型(方法 1)

本书提出的第一种改进小信模型的等效电路图如图 5-2 所示。

如 3.2.2 节所述,栅极漏电流由肖特基栅电流和由碰撞离化引起的空穴栅电流组成,因此在建模时分别考虑两种不同的漏电机制。如图 5.2 所示,R_{Ge1} 和 R_{Ge2} 用来模拟肖特基栅电流泄漏通道,由于肖特基栅电流与频率不相关,因此 R_{Ge1} 和 R_{Ge2} 为常数。另外两个电阻 R_{Gh1} 和 R_{Gh2} 用来模拟由碰撞离化引起的空穴栅极漏电流,由于碰撞离化与频率相关,因此使用电感 L_{Gh1} 和 L_{Gh2} 分别与 R_{Gh1} 和 R_{Gh2} 串联来调整相位,以模拟空穴栅电流随频率变化的特性。由于相位随频率

的变化关系复杂,因此引入函数 $f(\omega, R_{Gh})$ 来表征电感,即

$$L_{Gh1} = f(\omega, R_{Gh1}) = R_{Gh1} \times \omega^{n-1} \times \tau_i^n = \frac{R_{Gh1} \times (\omega \times \tau_i)^n}{\omega} \quad (5-1)$$

$$L_{Gh2} = f(\omega, R_{Gh2}) = R_{Gh12} \times \omega^{n-1} \times \tau_i^n = \frac{R_{Gh2} \times (\omega \times \tau_i)^n}{\omega} \quad (5-2)$$

该函数中电感是其对应电阻和频率的函数。其中:ω 是角频率;$1/\tau_i$ 可以看作有效碰撞离化率[29-30];n 是频率响应因子,它表明碰撞离化对频率响应的速率。当 $1/(2\pi\tau_i)$ 比实际工作频率高很多的时候,碰撞离化效应的影响可在低频处被观察到,相反当 $1/(2\pi\tau_i)$ 远低于实际工作频率时,$R-L$ 的阻抗过大,使空穴电流通道开路,碰撞离化效应可以被忽略。

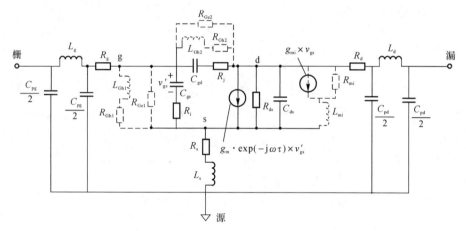

图 5-2　第一种适用于 InAs/AlSb HEMTs 的改进小信号等效模型电路图(方法 1)

在源漏间并入电阻 R_{mi} 来模拟受碰撞离化效应影响而增加的漏电流的通道,该电阻的引入可以模拟出高偏压下漏电流的不饱和现象。另外,由于漏电流也是栅压的函数,因此引入由栅压控制的压控电流源 g_{mi} 来表征该特点,同时该电流源对器件跨导起到调整作用,使之更接近测试值。由于 R_{mi} 和 g_{mi} 同碰撞离化效应相关,因此引入与 R_{mi} 和 g_{mi} 串联的电感 L_{mi} 来模拟其频率相关性,使输出在低频处呈感性。电感 L_{mi} 由函数 $f(\omega, R_{mi} \parallel g_{mi})$ 表示,即

$$L_{mi} = f(\omega, R_{mi} \parallel g_{mi}) = \frac{R_{mi}}{1 + g_{mi} \times R_{mi}} \times \frac{(\omega \times \tau_i)^n}{\omega} \quad (5-3)$$

由于该种方法引入了较多的附加参数,其参数提取过程复杂,需要用数学优化方法辅助实现,因此考虑对该等效模型进行改进。

5.2.1.2　第二种适用于 InAs/AlSb HEMTs 的改进小信号模型(方法 2)

本小节提出的第二种适用于 InAs/AlSb HEMTs 的改进小信号模型的等

效电路图如图 5 - 3 所示。

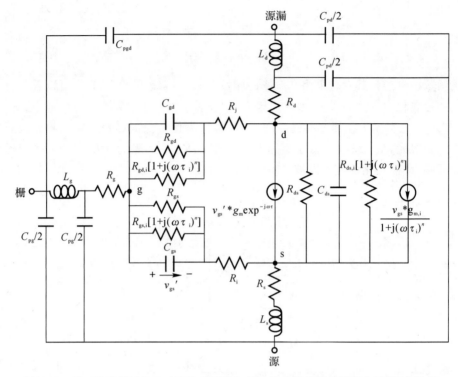

图 5 - 3　第二种适用于 InAs/AlSb HEMTs 的改进小信号等效模型电路图（方法 2）

　　用分别与 C_{gs} 和 C_{gd} 并联的恒定电阻 R_{gs} 和 R_{gd} 来表征与频率无关的栅极肖特基漏电流通道，用分别并联在 C_{gs} 和 C_{gd} 之上的 $R_{gs,i}$ 和 $R_{gd,i}$ 来表征栅极空穴漏电通道，用系数 $1/[1+(j\omega\tau_i)^n]$ 来修正以反应栅极空穴漏电与频率的相关性。碰撞离化产生的额外部分沟道电流的通道由并联在沟道两侧（即源-漏间）的电阻 $R_{ds,i}$ 来模拟。由于碰撞离化效应与频率相关，因此该电阻同样用系数 $1/[1+(j\omega\tau_i)^n]$ 来修正。另外，由于漏极电流也是栅压的函数，因此我们考虑在漏-源之间并联一个额外的压控电流源 $g_{m,i}$。如图 6 - 3 所示，该电流源由栅源电压 v_{gs} 进行控制，同时根据器件跨导的定义，$g_{m,i}$ 也可以表征碰撞离化效应对器件整体跨导的影响。

　　下面对频率修正因子 $1+j(\omega\tau_i)^n$ 进行讨论。因为碰撞离化效应在低频时对 InAs/AlSb HEMTs 器件电学性能的影响效果显著，一般存在于几赫兹的频率范围以内。而在频率大于 10 GHz 的时候，碰撞离化效应的影响变得越来越小，当频率升高到一定值时，其影响完全可以忽略。因此与碰撞离化有关的参数

$(R_{gs,i},R_{gd,i},R_{ds,i}$ 和 $g_{m,i})$ 均需要用 $1+j(\omega\tau_i)^n$ 因子来修正。其中，$1/\tau_i$ 可以看作是碰撞离化率，它表示了器件内部碰撞离化发生的效率；n 表示碰撞离化效应对频率的响应速率，即碰撞离化效应不是简单地随频率的增加而线性下降。该参数使得器件的输出阻抗在低频时呈感性，与碰撞离化效应实际发生时的 S 参数表现一致。当频率非常低的时候(低于 100 MHz)，碰撞离化系数的模趋近于 1，因此与碰撞离化相关的元件参数趋近于一个固定值；而当频率增加时，碰撞离化因子的模值也随着增加；当频率上升到非常高时，碰撞离化因子的模趋近于正无穷，导致与碰撞离化相关的电阻无穷大，使得电流通路开路，即碰撞离化效应的影响可以忽略。

方法 2 相对于方法 1 而言，引入较少的电路元件，因此在参数提取方面具备优势，我们可以通过直接提取方法来提取出其本征参数值。具体的参数提取方法将在 5.2.2 节中进行详细介绍。

5.2.1.3　第三种适用于 InAs/AlSb HEMTs 的改进小信号模型(方法 3)

方法 2 已经能够基本满足 InAs/AlSb HEMTs 器件模型精确度要求，但在某些特殊电路设计的要求下，需要进一步增加模型的精确度，因此我们在前两种模型的基础上提出了第三种改进的小信号等效电路模型。其等效电路如图 5 - 4 所示。

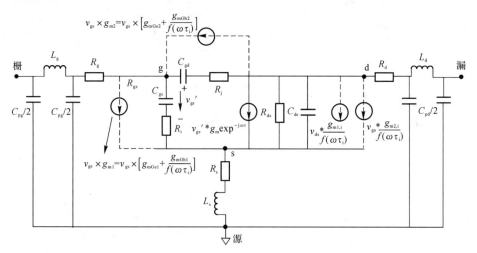

图 5 - 4　第三种适用于 InAs/AlSb HEMTs 的改进小信号等效模型电路图(方法 3)

肖特基栅极漏电流是由电子穿越肖特基势垒而产生的，其作用好像一个附加电流源，由于其不随频率变化，因此由两个恒定压控电流源 g_{mGe1} 和 g_{mGe2} 表示，其分别由栅源电压 v_{gs} 和栅漏电压 v_{gd} 控制。碰撞离化效应引入的空穴栅电流由另外两个压控电流源 g_{mGh1} 和 g_{mhG2} 表示,也分别由 v_{gs} 和 v_{gd} 控制,由于碰撞离化效应的频率相关性,因此 g_{mGh1} 和 g_{mhG2} 需要附加一个频率修正函数 $f(\omega\tau_i)$ 进行修正。 同方法 1,其中 $1/\tau_i$ 表示了有效碰撞离化率[29-30],它随着漏压的降低而降低。由此可得

$$g_{m1} = g_{mGe1} + \frac{g_{mGh1}}{f(\omega\tau_i)} \qquad (5-4)$$

$$\left.\begin{array}{l} J = AE_b^2 \exp\left(-\dfrac{B}{E_b}\right) \\[2mm] A = \dfrac{q^3 (m_e/m_n^*)}{8\pi h\varphi_B} = 1.5 \times 10^{-6} \times q \times \left(\dfrac{m_e/m_n^*}{\varphi_b}\right) \\[2mm] B = \dfrac{8\pi\sqrt{2m_n^*(q\varphi_B)^3}}{3qh} = 6.83 \times 10^7 \times \sqrt{(m_n^*/m_e)(q\varphi_B)^3} \end{array}\right\} \qquad (5-5)$$

碰撞离化效应对漏电流的影响可以用两个压控电流源 g_{mi1} 和 g_{mi2} 来表示,其中,g_{mi1} 由漏源电压 v_{ds} 控制,用来表示漏压对漏电流的影响,g_{mi2} 由栅源电压 v_{gs} 控制,用来模拟碰撞离化效应对器件跨导的影响。与 g_{mGh1} 和 g_{mGh2} 相同,g_{mi1} 和 g_{mi2} 也需要由频率相关函数 $f(\omega\tau_i)$ 进行修正以表征其频率相关性,频率函数 $f(\omega\tau_i)$ 使其相位和幅度随频率变化,使得输入阻抗在低频处呈感性状态。

由于 v_{ds}、v_{gs} 和 v_{dg} 三个电压为两两相关,因此模拟漏电流的两个电压源的控制电压可以在这三个电压中任意选择其二。如果用栅漏电压 v_{dg} 来代替漏源电压 v_{ds} 控制其中一个电压源,那么另外一个由栅源电压 v_{gs} 控制的电压源的跨导变为 g_{mi1} 和 g_{mi2} 的和,如下所示:

$$v_{ds} = v_{dg} + v_{gs} \qquad (5-6)$$

$$i_{Di} = \frac{g_{mi1}}{f(\omega\tau_i)} \times v_{ds} + \frac{g_{mi2}}{f(\omega\tau_i)} \times v_{gs} + \frac{g_{mGh2}}{f(\omega\tau_i)} \times v_{dg} =$$

$$\frac{g_{mi1}}{f(\omega\tau_i)} \times (v_{dg} + v_{gs}) + \frac{g_{mi2}}{f(\omega\tau_i)} \times v_{gs} + \frac{g_{mGh2}}{f(\omega\tau_i)} \times v_{dg} =$$

$$\frac{g_{mi1}}{f(\omega\tau_i)} \times v_{dg} + \frac{(g_{mi1} + g_{mi2})}{f(\omega\tau_i)} \times v_{gs} + \frac{g_{mGh2}}{f(\omega\tau_i)} \times v_{dg} \qquad (5-7)$$

由于器件在碰撞离化效应影响下在不同频率下的表现好像一些离散数据的集合,因此我们将函数 $f(\omega\tau_i)$ 用最小二乘法做多项式逼近,该方法具备最小均方误差,使得模拟结果能够尽可能地接近测试结果。函数 $f(\omega\tau_i)$ 表示为

$$f(\omega\tau_i) = \left[1 + \sum_{i=1}^{m} \boldsymbol{a}_i \times (\omega \times \tau_i)^i\right] + j \times \left[\sum_{i=1}^{m} \boldsymbol{b}_i \times (\omega \times \tau_i)^i\right] \qquad (5-8)$$

其中,m 是逼近方程的维数,$\boldsymbol{a}_i$ 是逼近函数的实部矩阵,$\boldsymbol{b}_i$ 是逼近函数的虚部矩阵。当频率为 0 Hz 时,$f(\omega\tau_i)$ 为 1,使得 g_{m1} 为 g_{mGe1} 与 g_{mGh1} 的和,g_{m2} 为 g_{mGe2}

与 g_{mGh2} 的和。随着频率的增加，$f(\omega\tau_i)$ 的绝对值增加，当增加到十几吉赫兹时，$f(\omega\tau_i)$ 使得碰撞离化电流的通路被切断。

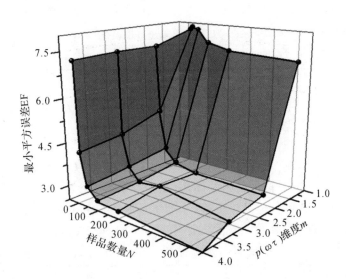

图 5-5　S 参数的最小均方误差函数 EF 与样品数和逼近方程维度的关系

不同维度的 $f(\omega\tau_i)$ 对模型的影响可由模拟结果和测试结果之间的误差函数（EF）来表示。对 S 参数的误差函数（EF）定义如下：

$$\text{EF} = \frac{1}{4N} \times \sum_{j=1}^{2} \sum_{i=1}^{2} \left\{ W_{ij} \times \sum_{p=1}^{N} \left[S_{ij}^{m}(p) - S_{ij}^{e}(p) \right]^2 \right\} \qquad (5-9)$$

式中，N 是不同频率下的样本数；p 是响应样本的编号；$S_{ij}{}^{m}$ 和 $S_{ij}{}^{e}$ 分别是 S 参数的模拟结果和测试结果；W_{ij} 是 S_{ij} 的加权数，用来表征 S_{ij} 在所有 S 参数中的优化优先级。在该模型中，为了强调 S_{22} 是碰撞离化效应的最佳表现形式，我们将 W_{22} 设置为 2，其余的 W_{11}、W_{12} 和 W_{21} 设置为 1。误差函数 EF 随着样本数量 N 和频率拟合函数维度 m 的增加而减少，如图 6-5 所示。然而，过于多的样本数和过于高的函数维度会大大增加优化计算的复杂度。因此我们通常选择样本数在 500 以下，函数维度在 3 以下，以达到模拟准确率与模拟复杂度的折中。

对比上述三种适用于 InAs/AlSb HEMTs 的改进小信号等效模型，其中方法 1 为半物理模型，模型中的电感等元件并无物理意义，且模型参数较多，参数值提取复杂；方法 2 的模型准确度较高，且参数提取方法简单，可直接提取本征参数；方法 3 中的模型精确度最高，然而由于引入了过多的参数，运算量大，提取方法最为复杂。三种建模方法的优、缺点如表 5-2 所示。

表 5 - 2   三种适用于 InAs/AlSb HEMTs 的改进小信号等效模型优、缺点

方法	优点	缺点
方法 1	简单直观	半物理模型,电感等元器件无物理意义,参数提取复杂
方法 2	准确度较高	参数提取简单,可采用直接提参方法
方法 3	准确度最高	参数过于复杂,参数提取困难,计算量最大

5.2.2   模型参数提取方法

我们选用 S 参数作为初始数据,首先利用 cold 测量方法求取非本征元件的参数值;然后将 S 参数转化层 Z 参数,同时由于非本征参数已经求得,因此由非本征参数引入的 Z 参数也可以求得,从而本征 Z 参数可以求得;最后将本征 Z 参数转化成本征 Y 参数,继而求得本征元件的参数值。这是 InAs/AlSb HEMTs 器件小信号等小模型的基本参数求解思路。具体的流程图如图 5 - 6 所示。

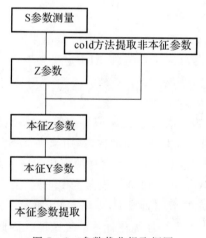

图 5 - 6   参数优化提取框图

下面,将分别讨论非本征参数和本征参数的提取方法。

5.2.2.1   非本征参数提取方法研究

采用开路结构和短路结构提取寄生参数,具体如下:

(1)分别测量 InAs/AlSb HEMTs 器件在开路焊点结构下的散射参数 S_O 和在短路焊点结构下的散射参数 S_S,其中 S_O 和 S_S 分别定义为

$$\boldsymbol{S}_{\mathrm{O}} = \begin{bmatrix} S_{\mathrm{O}11} & S_{\mathrm{O}12} \\ S_{\mathrm{O}21} & S_{\mathrm{O}22} \end{bmatrix}, \quad \boldsymbol{S}_{\mathrm{S}} = \begin{bmatrix} S_{\mathrm{O}11} & S_{\mathrm{O}12} \\ S_{\mathrm{O}21} & S_{\mathrm{O}22} \end{bmatrix}$$

（2）利用散射参数计算器件的寄生参数。首先，通过网络参数变换公式对开路焊点结构下测量出的散射参数 S_{O} 进行变换，得到开路焊点结构下的导纳参数：$\boldsymbol{Y}_{\mathrm{O}} = \begin{bmatrix} Y_{\mathrm{O}11} & Y_{\mathrm{O}12} \\ Y_{\mathrm{O}21} & Y_{\mathrm{O}22} \end{bmatrix}$；对 $\boldsymbol{Y}_{\mathrm{O}}$ 的元素进行加减运算并取虚部，计算出 InAs/AlSb HEMTs 器件的栅-源寄生电容 C_{pg} 和漏-源寄生电容 C_{pg}。

（3）采用漏极开路的方法提取外部电阻参数。将 InAs/AlSb HEMTs 器件处于需要提取的小信号偏置下，测量出此时的完整散射参数 S_a，去除步骤（1）中计算出的寄生参数，得到去除寄生参数后的阻抗参数 $\boldsymbol{Z}_{\mathrm{C}} = \begin{bmatrix} Z_{\mathrm{C}11} & Z_{\mathrm{C}12} \\ Z_{\mathrm{C}21} & Z_{\mathrm{C}22} \end{bmatrix}$，使 InAs/AlSb HEMTs 器件处于漏极开路状态。通过对漏极开路状态下的等效电路分析，以及对漏极开路状态下的阻抗参数 $\boldsymbol{Z}_{\mathrm{C}}$ 的元素进行加减运算并取实部，计算得到 InAs/AlSb HEMTs 器件的源极外电阻 R_{s}，栅极外电阻 R_{g}，漏极外电阻 R_{d}。

5.2.2.2　本征参数提取方法研究

本征参数的提取方法较为复杂，比较 5.2.1 节中的三种适用于 InAs/AlSb HEMTs 的改进小信号等效电路模型，其中方法 1 和方法 3 无法进行直接参数提取，需要配合计算机仿真软件的优化组件用数值分析和数学优化方法进行提取，而方法 2 可以进行直接参数提取，即通过本征 Y 参数的提取结果结合小信号等效电路中本征 Y 参数的表达式，通过最小均方多项式拟合方法进行本征元件参数的提取。这里对改进模型方法 2 中本征参数的直接提取方法进行详细讨论。

根据如图 6-3 所示的方法 2 的等效电路图，本征部分元件的 Y 参数的表达式如下：

$$
\begin{aligned}
Y_{\mathrm{intr},11} = & \frac{R_{\mathrm{gs}}^{-1} + R_{\mathrm{gs,i}}^{-1}[1+\mathrm{j}\,(\omega\tau_{\mathrm{i}})^n]^{-1} + \mathrm{j}\omega C_{\mathrm{gs}}}{1 + \{R_{\mathrm{gs}}^{-1} + R_{\mathrm{gs,i}}^{-1}[1+\mathrm{j}\,(\omega\tau_{\mathrm{i}})^n]^{-1}\}R_{\mathrm{i}} + \mathrm{j}\omega C_{\mathrm{gs}}R_{\mathrm{i}}} + \\
& \frac{R_{\mathrm{gd}}^{-1} + R_{\mathrm{gd,i}}^{-1}[1+\mathrm{j}(\omega\tau_{\mathrm{i}})^n]^{-1} + \mathrm{j}\omega C_{\mathrm{gd}}}{1 + \{R_{\mathrm{gd}}^{-1} + R_{\mathrm{gd,i}}^{-1}[1+\mathrm{j}(\omega\tau_{\mathrm{i}})^n]^{-1}\}R_{\mathrm{j}} + \mathrm{j}\omega C_{\mathrm{gd}}R_{\mathrm{j}}}
\end{aligned}
\tag{5-10}
$$

$$
Y_{\mathrm{intr},12} = -\frac{R_{\mathrm{gd}}^{-1} + R_{\mathrm{gd,i}}^{-1}[1+\mathrm{j}(\omega\tau_{\mathrm{i}})^n]^{-1} + \mathrm{j}\omega C_{\mathrm{gd}}}{1 + \{R_{\mathrm{gd}}^{-1} + R_{\mathrm{gd,i}}^{-1}[1+\mathrm{j}(\omega\tau_{\mathrm{i}})^n]^{-1}\}R_{\mathrm{j}} + \mathrm{j}\omega C_{\mathrm{gd}}R_{\mathrm{j}}}
\tag{5-11}
$$

$$
\begin{aligned}
Y_{\mathrm{intr},21} = & -\frac{R_{\mathrm{gd}}^{-1} + R_{\mathrm{gd,i}}^{-1}[1+\mathrm{j}\,(\omega\tau_{\mathrm{i}})^n]^{-1} + \mathrm{j}\omega C_{\mathrm{gd}}}{1 + \{R_{\mathrm{gd}}^{-1} + R_{\mathrm{gd,i}}^{-1}[1+\mathrm{j}\,(\omega\tau_{\mathrm{i}})^n]^{-1}\}R_{\mathrm{j}} + \mathrm{j}\omega C_{\mathrm{gd}}R_{\mathrm{j}}} + \\
& \frac{g_{\mathrm{m}}\mathrm{e}^{-\mathrm{j}\omega\tau}}{1 + \{R_{\mathrm{gs}}^{-1} + R_{\mathrm{gs,i}}^{-1}[1+\mathrm{j}\,(\omega\tau_{\mathrm{i}})^n]^{-1}\}R_{\mathrm{i}} + \mathrm{j}\omega C_{\mathrm{gs}}R_{\mathrm{i}}} + \frac{g_{\mathrm{m,i}}}{1 + \mathrm{j}\,(\omega\tau_{\mathrm{i}})^n}
\end{aligned}
\tag{5-12}
$$

$$Y_{\text{intr},22} = \frac{R_{\text{gd}}^{-1} + R_{\text{gd,i}}^{-1} [1 + \text{j}(\omega\tau_i)^n]^{-1} + \text{j}\omega C_{\text{gd}}}{1 + \{R_{\text{gd}}^{-1} + R_{\text{gd,i}}^{-1} [1 + \text{j}(\omega\tau_i)^n]^{-1}\} R_{\text{j}} + \text{j}\omega C_{\text{gd}} R_{\text{j}}} +$$

$$\text{j}\omega C_{\text{ds}} + \frac{1}{R_{\text{ds}}} + \frac{1}{R_{\text{ds,i}}[1 + \text{j}(\omega\tau_i)^n]} \tag{5-13}$$

我们发现由于引入了表征碰撞离化效应的元器件,本征部分的 Y 参数表达式十分复杂,传统小信号等效模型的本征参数提取方法已经无法适用,因此需要引入一种新的参数提取方法。由于碰撞离化效应和频率强相关,因此我们考虑将本征参数的提取分为两步进行,即在不同的频率区域进行提参。具体的步骤如下。

1. 与碰撞离化效应无关的本征参数提取

随着频率的增加,碰撞离化效应的影响可以被忽略,即与碰撞离化相关的元器件可以被忽略,式(5-10)～式(5-13)所示的本征 Y 参数可以简化成下式:

$$Y_{\text{intr}} = \begin{vmatrix} Y_{\text{intr},11} & Y_{\text{intr},12} \\ Y_{\text{intr},21} & Y_{\text{intr},22} \end{vmatrix} =$$

$$\begin{vmatrix} \dfrac{R_{\text{gs}}^{-1} + \text{j}\omega C_{\text{gs}}}{1 + R_{\text{gs}}^{-1} R_i + \text{j}\omega C_{\text{gs}} R_i} + \dfrac{R_{\text{gd}}^{-1} + \text{j}\omega C_{\text{gd}}}{1 + R_{\text{gd}}^{-1} R_{\text{j}} + \text{j}\omega C_{\text{gd}} R_{\text{j}}} & -\dfrac{R_{\text{gd}}^{-1} + \text{j}\omega C_{\text{gd}}}{1 + R_{\text{gd}}^{-1} R_{\text{j}} + \text{j}\omega C_{\text{gd}} R_{\text{j}}} \\ -\dfrac{R_{\text{gd}}^{-1} + \text{j}\omega C_{\text{gd}}}{1 + R_{\text{gd}}^{-1} R_{\text{j}} + \text{j}\omega C_{\text{gd}} R_{\text{j}}} + \dfrac{g_{\text{m}} e^{-\text{j}\omega\tau}}{1 + R_{\text{gs}}^{-1} R_i + \text{j}\omega C_{\text{gs}} R_i} & \dfrac{R_{\text{gd}}^{-1} + \text{j}\omega C_{\text{gd}}}{1 + R_{\text{gd}}^{-1} R_{\text{j}} + \text{j}\omega C_{\text{gd}} R_{\text{j}}} + \text{j}\omega C_{\text{ds}} + \dfrac{1}{R_{\text{ds}}} \end{vmatrix}$$

$$\tag{5-14}$$

引入一个新的量 $D_1(\omega^2)$,其意义如下:

$$D_1(\omega^2) = \omega \frac{|Y_{\text{intr},12}|^2}{-\text{Im}(Y_{\text{intr},12})} \tag{5-15}$$

其值可以通过已经从实验结果计算出的本征 Y 参数实际值得到。由于不同频点对应不同的本征 Y 参数,因此我们需要用数学近似法求得一条 $D_1(\omega^2)$ 的逼近曲线方程。

另外,由式(5-14)发现 C_{gd} 可以表示为函数 $D_1(\omega^2)$ 的微分,如下:

$$D_1(\omega^2) = \omega \frac{|Y_{\text{intr},12}|^2}{-\text{Im}(Y_{\text{intr},12})} = \frac{1}{R_{\text{gd}}^2 C_{\text{gd}}} + \omega^2 C_{\text{gd}} \tag{5-16}$$

因此 C_{gd} 的值可以从 $D_1(\omega^2)$ 方程的微分求得,如下:

$$C_{\text{gd}}(\omega) = \frac{\partial [D_1(\omega^2)]}{\partial(\omega^2)} \tag{5-17}$$

求得 C_{gd} 之后,将其回带入式(5-16),可以求得 R_{gd},为

$$R_{\text{gd}}(\omega) = \frac{1}{\sqrt{[D_1(\omega^2) - \omega^2 C_{\text{gd}}] C_{\text{gd}}}} \tag{5-18}$$

之后,定义另外一个新的变量 $D_2(\omega^2)$,如下:

$$D_2(\omega^2) = -\omega \times \frac{\text{real}(Y_{\text{intr},12})}{\text{Im}(Y_{\text{intr},12})} = \frac{R_{\text{gd}}^{-1}(1+R_j R_{\text{gd}}^{-1})}{C_{\text{gd}}} + \omega^2 C_{\text{gd}} R_j \tag{5-19}$$

R_j 可以从 $D_2(\omega^2)$ 的微分求得，如下：

$$R_j(\omega) = \frac{1}{C_{\text{gd}}} \frac{\partial[D_2(\omega^2)]}{\partial(\omega^2)} \tag{5-20}$$

利用同样的数学方法，定义新变量 $D_3(\omega^2)$ 和 $D_4(\omega^2)$ 分别如下：

$$D_3(\omega^2) = \omega \frac{\left| Y_{\text{intr},11} + Y_{\text{intr},12} \right|^2}{\text{Im}(Y_{\text{intr},11} + Y_{\text{intr},12})} = \frac{1}{R_{\text{gs}}^2 C_{\text{gs}}} + \omega^2 C_{\text{gs}} \tag{5-21}$$

C_{gs}，R_{gs} 和 R_i 也可以被分别求得，如下：

$$C_{\text{gs}}(\omega) = \frac{\partial[D_1(\omega^2)]}{\partial(\omega^2)} \tag{5-22}$$

$$R_{\text{gs}}(\omega) = \frac{1}{\sqrt{[D_3(\omega^2) - \omega^2 C_{\text{gs}}] C_{\text{gs}}}} \tag{5-23}$$

$$D_4(\omega^2) = \omega \times \frac{\text{real}(Y_{\text{intr},11} + Y_{\text{intr},12})}{\text{Im}(Y_{\text{intr},11} + Y_{\text{intr},12})} = \frac{R_{\text{gs}}^{-1}(1+R_i R_{\text{gs}}^{-1})}{C_{\text{gs}}} + \omega^2 C_{\text{gs}} R_i \tag{5-24}$$

$$R_i(\omega) = \frac{1}{C_{\text{gs}}} \frac{\partial[D_4(\omega^2)]}{\partial(\omega^2)} \tag{5-25}$$

定义新变量 $D_5(\omega)$ 如下：

$$D_5(\omega) = Y_{\text{intr},12} + Y_{\text{intr},22} = \frac{1}{R_{\text{ds}}} + j\omega C_{\text{ds}} \tag{5-26}$$

R_{ds} 和 C_{ds} 可以分别从 $D_5(\omega)$ 的实部和虚部求得。

定义新变量 $D_6(\omega^2)$ 如下：

$$D_6(\omega^2) = \left| \frac{Y_{\text{intr},11} + Y_{\text{intr},12}}{Y_{\text{intr},21} - Y_{\text{intr},12}} \right|^2 = \frac{1}{R_{\text{gs}}^2 g_m^2} + \omega^2 \frac{C_{\text{gs}}^2}{g_m^2} \tag{5-27}$$

g_m 可以从 $D_6(\omega^2)$ 的微分值求得，求解过程如下：

$$g_m(\omega) = \frac{C_{\text{gs}}}{\sqrt{\dfrac{\partial[D_6(\omega^2)]}{\partial(\omega^2)}}} \tag{5-28}$$

定义新变量 $D_7(\omega^2)$ 如下：

$$D_7(\omega) = \left(\frac{1}{R_{\text{gs}}} + j\omega C_{\text{gs}}\right) \left| \frac{Y_{\text{intr},21} - Y_{\text{intr},12}}{Y_{\text{intr},11} + Y_{\text{intr},12}} \right| = g_m e^{-j\omega\tau} \tag{5-29}$$

τ 可以从 $D_7(\omega)$ 的逼近方程的相位求得。

需要特别强调的是，上述所有参数需要在碰撞离化效应可以被忽略的频率点测试数据上进行提取，我们通常选用 15 GHz 以上的测试数据。在该条件下，频率响应因子 $1 + j(\omega\tau_i)^n$ 趋近于无穷大，使得 $R_{\text{gs},i}$，$R_{\text{gd},i}$，$R_{\text{ds},i}$ 和 $g_{m,i}$ 等这些与碰撞离化效应相关的元件可以被忽略，从而简化其他与碰撞离化无关的元件参数值的提取过程。

对于各新定义变量[如 $D_1(\omega^2)$]的逼近曲线,我们选用最佳多项式逼近方法进行拟合,其相对比线性逼近方法[100]具备更高的准确度,表现出最小的均方误差。特别地,该方法对于某些频率响应明显的参数具备更高的可行性可准确度。

2. 与碰撞离化相关的本征元件参数提取

在之前的讨论中,频率修正因子 $1+\mathrm{j}(\omega\tau_i)^n$ 在频率非常低的情况下可以被看作为 1,一般我们选取低于 100 MHz。在该条件下,碰撞离化相关的元件参数可以看作是常量,同时,在极低的频率下 C_{gs} 和 C_{gd} 的影响基本可以被忽略。因此,与碰撞离化相关的元件 $R_{gs,i}$,$R_{gd,i}$,$R_{ds,i}$ 和 $g_{m,i}$ 的参数提取可以在极低频率下进行,其提取步骤将大大被简化。在与碰撞离化无关的元件参数已经被成功提取的前提下,$R_{gs,i}$,$R_{gd,i}$,$R_{ds,i}$ 和 $g_{m,i}$ 的值可以从本征 Y 参数的实数部分求得,具体如下:

$$\mathrm{real}(Y_{\mathrm{intr},11}+Y_{\mathrm{intr},12})|_{\mathrm{freq}\leqslant 100\ \mathrm{MHz}}\cong\frac{R_{gs}^{-1}+R_{gs,i}^{-1}}{1+(R_{gs}^{-1}+R_{gs,i}^{-1})R_i}\qquad(5-30)$$

$$\mathrm{real}(-Y_{\mathrm{intr},12})|_{\mathrm{freq}\leqslant 100\ \mathrm{MHz}}\cong\frac{R_{gd}^{-1}+R_{gd,i}^{-1}}{1+(R_{gs}^{-1}+R_{gs,i}^{-1})R_i}\qquad(5-31)$$

$$\mathrm{real}(Y_{\mathrm{intr},21}-Y_{\mathrm{intr},12})|_{\mathrm{freq}\leqslant 100\ \mathrm{MHz}}\cong\frac{g_m}{1+(R_{gs}^{-1}+R_{gs,i}^{-1})R_i}g_{m,i}\qquad(5-32)$$

$$\mathrm{real}(Y_{\mathrm{intr},22}+Y_{\mathrm{intr},12})|_{\mathrm{freq}\leqslant 100\ \mathrm{MHz}}\cong R_{ds}^{-1}+R_{ds,i}^{-1}\qquad(5-33)$$

由于碰撞离化效应的影响,$Y_{21,\mathrm{intr}}$ 和 $Y_{22,\mathrm{intr}}$ 的实部在很低的频率下会有一个很大的增加,在频率接近于 0 的时候表现为最大值,之后呈现出一种随着频率的升高呈乘指数形式衰减的规律,该现象是由碰撞离化效应引起的。在模拟中调节 τ_i 和频率响应系数 n 发现,τ_i 和 n 的值与该低频下指数衰减的斜率强相关。因此,通过调节 τ_i 和 n 使得模拟的 $Y_{21,\mathrm{intr}}$ 和 $Y_{22,\mathrm{intr}}$ 能够尽量拟合这种实际的现象,从而确定最佳的 τ_i 和 n 的参数值。

5.2.3 模型验证

为了验证模型和参数提取的准确性,本节引用了参考文献[98]中的实验结果进行比对。在文献[98]中,Jan Grahn 教授和他的团队制作了一款 InAs/AlSb HEMTs,其具体结构如图 5-7 所示,该 HEMT 的栅长为 225 nm,栅宽为 $2\times 50\ \mu m$。实验表明在偏置条件为 $V_{ds}=0.5\ \mathrm{V}$、$V_{gs}=-0.9\ \mathrm{V}$ 时,碰撞离化效应对该 HEMTs 性能影响十分显著。在该条件下,利用上述几种小信号模型都可以对该器件进行有效表征,这里以方法 2 为例对模拟结果进行分析。

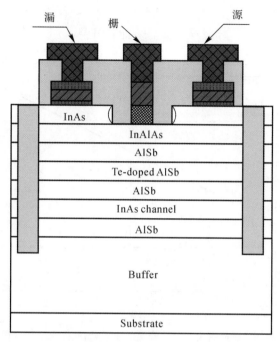

图 5-7 参考文献[98]中制备的 InAs/AlSb HEMTs 结构

在参考文献[98]中已经提取的非本征参数的基础上,图 5-8 和图 5-9 分别给出了方法 2 中 C_{gd} 和 R_j 的参数提取过程示意图,图中对线性拟合方法和最小均方多项式拟合方法进行了对比,发现最小均方拟合方法中提取的 C_{gd} 和 R_j 对频率有微小的响应,它们的最终取值一般为平均值或者中间值。同样地,图 5-10给出了 R_{ds} 和 g_m 提取的过程示意图。采用方法 2 中的改进小信号模型最终本征参数值见表 5-3。

表 5-3 利用方法 2 在碰撞离化发生的偏置条件下获得的本征参数提取值

参数	数值	参数	数值
C_{gs}/pf	64	$-R_{gs}/\Omega$	5 000
C_{ds}/pf	55.7	$-R_{gs,i}/\Omega$	200
C_{gd}/pf	23.9	R_{gd}/Ω	1 176
g_m/mS	134	$R_{gd,i}/\Omega$	406
R_i/Ω	7.7	$R_{ds,i}/\Omega$	8.3
R_j/Ω	24.7	$g_{m,i}/\mathrm{mS}$	130
R_{ds}/Ω	41.4	τ_i/ps	90
τ/ps	0.29	n	2.5

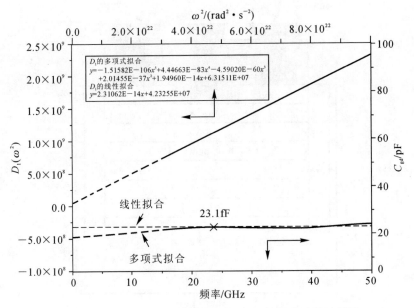

图 5-8　碰撞离化发生的偏置条件下 C_{gd} 的提取过程示意图

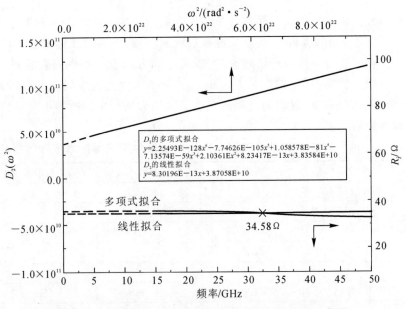

图 5-9　碰撞离化发生的偏置条件下 R_j 提取过程示意图

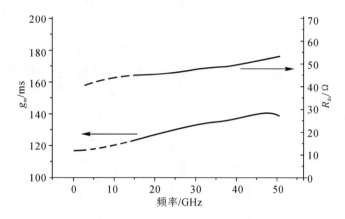

图 5-10　碰撞离化发生的偏置条件下 R_{ds} 和 g_m 提取过程示意图

　　图 5-11 给出了利用方法 2 中小信号模型的软件模拟结果和实际测试结果的 S 参数对比。相比传统小信号模型,本节改进模型与实验结果的拟合准确度明显增加。特别是对于 S_{21} 和 S_{22},改进模型基本可以完全拟合 S_{21} 参数在低频下由于碰撞离化效应引起的减小趋势,同时可以基本一致地模拟 S_{22} 在低频下由于碰撞离化效应引入的感性特征[46]。相比之下传统的小信号模型则不具备这样的功能,因为其中并没有针对碰撞离化效应进行建模。

　　图 5-12 为 Y 参数的模拟结果,发现相比传统的 HEMTs 小信号模型,本节的改进模型能够更加精确地反映在低频下碰撞离化效应对器件 Y 参数的影响。Y 参数的定义如下:

$$Y_{11} = \frac{I_1}{V_1}\bigg|_{V_2=0} = \frac{I_G}{V_{GS}}\bigg|_{V_{DS}=0} \qquad (5-34)$$

$$Y_{12} = \frac{I_1}{V_2}\bigg|_{V_1=0} = \frac{I_G}{V_{DS}}\bigg|_{V_{GS}=0} \qquad (5-35)$$

$$Y_{21} = \frac{I_2}{V_1}\bigg|_{V_2=0} = \frac{I_D}{V_{GS}}\bigg|_{V_{DS}=0} \qquad (5-36)$$

$$Y_{22} = \frac{I_2}{V_2}\bigg|_{V_1=0} = \frac{I_D}{V_{DS}}\bigg|_{V_{GS}=0} \qquad (5-37)$$

　　由于栅极漏电的存在,实验所得的 Y_{11} 和 Y_{12} 的实部在频率为零的时候仍表现出非零值,本节中的改进模型由于增加了模拟栅极漏电的通路使得该现象得以描述。Y_{21} 定义为漏极电流对栅压的比值,因此 Y_{21} 的绝对值在一定程度上等效于器件的跨导。实际上碰撞离化效应使器件在很低的频率下表现出一个增大的跨导,如图 5-12(c)中 Y_{21} 的测试结果所示。方法 2 中的改进模型中的压控电流源 $g_{m,i}$ 在低频下对跨导进行了调节,使得模拟结果非常逼近于实际测试结果,而传统的 HEMTs 模型和参考文献[98]中的模型由于缺少该元件,因此无法模拟 Y_{21} 在低频时的增加。同样地,Y_{22} 定义为漏极电流和漏极电压的比值,其绝对值可以等效为输出电导。碰撞离化效应会使器件输出电导增加,且这种增加随着频率的增加而降低。由于方法 2 中的改进模型存在 $R_{ds,i}$,因此可以很好地模拟 Y_{22} 在低频的增加,如图 5-12(d)所示。为了更加准确地表明本节改进模型对 Y 参数的影响,Y 参数的相位模拟情况在图 5.12 中的插图中附上。可见改进模型的模拟结果和实验测试结果吻合良好。

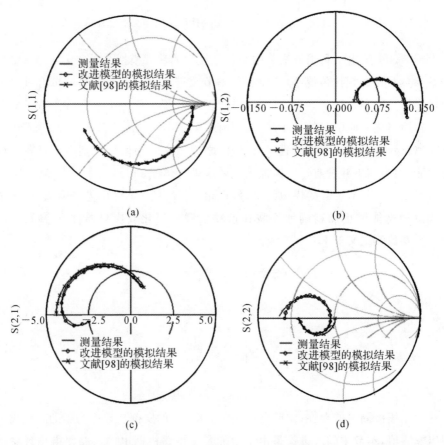

图 5-11 碰撞离化发生的偏置条件下 0~50 GHz S 参数模拟结果与实验结果对比图示
(a)S_{11}; (b)S_{12}; (c)S_{21}; (d)S_{22}

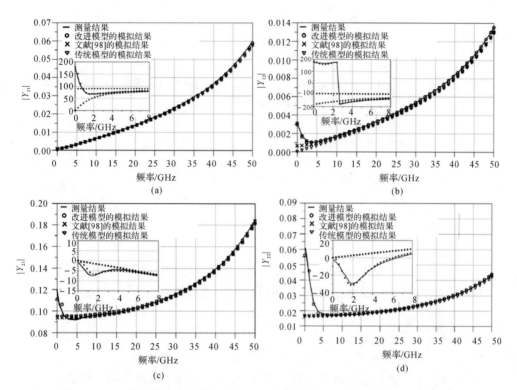

图 5-12　碰撞离化发生的偏置条件下 Y 参数模拟结果与实验结果对比示意图

(a)Y_{11}；　(b)Y_{12}；　(c)Y_{21}；　(d)Y_{22}

稳定性系数 K 表明了器件在某一偏置情况下的稳定情况，其表达式如下：

$$K=(1+|D|^2-|S_{11}|^2-|S_{22}|^2)/2|S_{12}S_{21}| \tag{5-38}$$

其中

$$D=S_{11}S_{22}-S_{12}S_{21} \tag{5-39}$$

稳定性系数 K 的模拟结果如图 5-13 所示，发现改进模型可以较好地拟合实验结果中 K 在低频时表现出的明显下降。

截止频率 f_T 和最大频率 f_{max} 是射频器件非常重要的两个射频参数，直接决定了器件的实际应用频率可达到的最大值。其值可以分别从电流增益 $|h_{21}|$ 和 Mason's 单边增益 U 的曲线外推而得，$|h_{21}|$ 和 U 的表达式如下（其中 K 为稳定性系数）：

$$|h_{21}|=\left|\frac{2S_{21}}{S_{12}S_{21}(1-S_{11})(1-S_{22})}\right| \tag{5-40}$$

$$U=\frac{|S_{21}/S_{12}-1|}{\sqrt{2K|S_{21}/S_{12}|-2Re(S_{21}/S_{12})}} \tag{5-41}$$

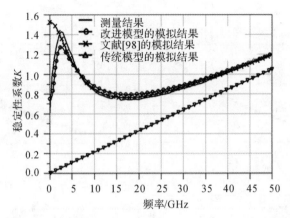

图 5-13 碰撞离化发生的偏置条件下稳定性系数 K 的仿真结果与实际测试结果对比示意图

为了提取截止频率 f_T 和最大频率 f_{max}，我们对 50 GHz 频率下的 $|h_{21}|$ 和 Mason's 增益 U 的测试结果做 -20 dB/decade 的线性外推，具体过程如图 5-14 所示。

外推结果显示 f_T 和 f_{max} 分别为 157 GHz 和 128 GHz，如表 5-4 所示，这与参考文献[98]中实际测试的结果 160 GHz 和 120 GHz 非常接近。

表 5-4 碰撞离化发生的偏置条件下 f_T 和 f_{max} 的提取结果与实验结果对比

偏置条件	参数	测量结果[43]	仿真结果
$V_{ds}=0.5$ V	f_T/GHz	160	157
$V_{ds}=-0.90$ V	f_{max}/GHz	120	128

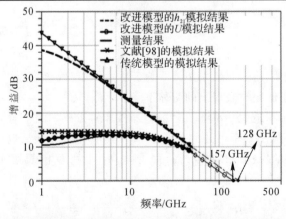

图 5-14 碰撞离化发生的偏置条件下 Mason's 增益 U 和电流增益 $|h_{21}|$ 的模拟结果和实验结果对比，以及截止频率 f_T 和最大频率 f_{max} 提取过程示意图

上述讨论结果说明本节的改进模型可以很好地模拟碰撞离化发生时器件所表现的特性。实际上通过调整改进模型中各元件的参数也能很好地模拟器件在不发生碰撞离化效应时的特性。在参考文献[98]中，该器件在 $V_{ds} = 0.2$ V，$V_{gs} = -0.85$ V 的偏置电压下碰撞离化效应几乎可以被忽略。在该条件下，利用方法 2 中的改进小信号模型对器件进行模拟。器件的 S 参数仿真结果如图 5-15 所示，发现改进模型通过参数的合理取值可以非常精确地描述实际测试的 S 参数结果。

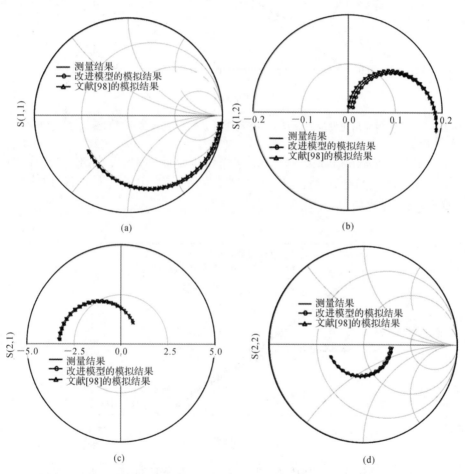

图 5-15　无碰撞离化发生的偏置条件下 S 参数的模拟结果和测试结果对比图
(a)S_{11}；　(b)S_{12}；　(c)S_{21}；　(d)S_{22}

稳定性系数 K 的模拟结果如图 5-16 所示，改进模型的模拟结果与实验结果吻合良好。值得注意的是传统的 HEMTs 小信号等小模型由于缺少肖特基栅极漏电流模拟元件,因此无法模拟 K 参数在低频时的性能。

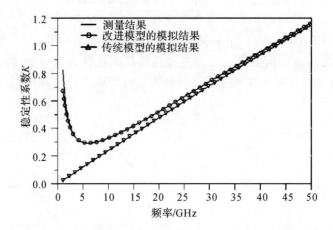

图 5-16   无碰撞离化发生的偏置条件下稳定性系数 K 的模拟结果和测试结果对比图

对于截止频率 f_T 和最大频率 f_{max},采用和上面一样的方法,对 50 GHz 的 Mason's 增益 U 和电流增益 $|h_{21}|$ 测试结果做 -20 dB/decade 的线性外推进行提取,具体过程如图 5-17 所示。

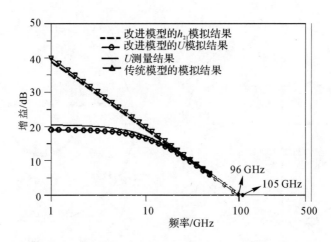

图 5-17   无碰撞离化发生的偏置条件下 Mason's 增益 U 和 $|h_{21}|$ 的模拟结果和
测试结果对比,以及截止频率 f_T 和最大频率 f_{max} 提取过程图

外推结果显示 f_T 和 f_{max} 分别为 105 GHz 和 96 GHz,如表 5-5 所示,这与参考文献中实际测试的 100 GHz 和 90 GHz 非常接近。

表 5 - 5 无碰撞离化发生时 f_T 和 f_{max} 的模型提取结果与实验结果对比

偏置条件	参数	测量结果[43]	仿真结果
$V_{DS} = 0.2$ V	f_T/GHz	100	105
$V_{GS} = -0.85$ V	f_{max}/GHz	90	96

5.3 InAs/AlSb HEMTs 噪声模型

在 LNA 电路设计过程中,噪声指标尤为关键。噪声模型反映了器件中各噪声源对器件噪声性能的影响,准确的器件噪声模型可以提高 LNA 电路设计的精度,因此建立一个能够精确反映 InAs/AlSb HEMTs 器件噪声特性的小信号等效电路模型对电路设计而言十分关键,也是后续 LNA 设计的基础。

5.3.1 二端口网络的噪声理论

二端口网络的噪声分析是从宏观上描述一个网络的噪声性能,而不必跟踪该网络内部各个噪声源对网络的影响。由于该分析方法不涉及网络内部复杂的信号传出关系,分析起来非常方便,故在射频电路的噪声分析中得到了广泛的应用。

该分析方法基于网络内部各个噪声源对网络的影响可以等效于一个串联的噪声电压源和一个并联的噪声电流源对网络的影响,如图 5 - 18 所示。

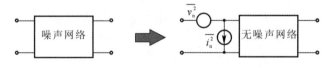

图 5 - 18 有噪二端口网络和它的等效表示形式

一个内部包含有各种噪声源的二端口网络,可以用一个无噪声网络和两个噪声源(噪声电流源 $\overline{i_n^2}$ 和噪声电压源 $\overline{v_n^2}$)来等效,这就是二端口网络的通用噪声模型。二端口网络的噪声分析就是建立在这个通用噪声模型基础上的。

二端口网络的噪声性能通常用噪声因子(噪声系数)来描述。噪声因子是总的输出噪声功率与输入信号源引入的输出噪声功率之比,它表示了由于系统存在噪声而对信号信噪比的影响。为了分析二端口网络的噪声因子,需要考虑输入信号源引入噪声和输入信号源阻抗的影响。包含输入信号源引入噪声和输入信号源阻抗的二端口网络通用噪声模型如图 5 - 19 所示。其中,Z_s 是输入信号源 v_s 的阻抗,$\overline{v}_n^2$ 是输入信号源所引入的噪声。考虑到无噪声网络对噪声因子没有影响,计算噪声因子时,仅需要考虑噪声电压源 $\overline{v}_n^2$、噪声电流源 $\overline{i}_n^2$ 和输入信号源所引入的噪声 $\overline{v}_{ns}^2$ 三项的贡献。图 5 - 19 中,平面 A - B 为噪声计算的输入参考平面,C - D 为噪声计算的输出参考平面。Z_{in} 为两端口网络的输入阻抗,Z_L 为二端口网络的负载阻抗。$\overline{v}_{ns}^2$ 与噪声电压源 $\overline{v}_n^2$ 和噪声电流源 $\overline{i}_n^2$ 是不相关的,输出噪声功率可以直接叠加,但噪声电压源 $\overline{v}_n^2$ 和噪声电流源 $\overline{i}_n^2$ 之间存在一定的相关性,输出噪声功率不能简单叠加。

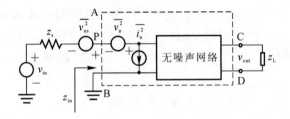

图 5 - 19　二端口网络的通用噪声模型

令

$$\overline{i}_n = \overline{i}_c + \overline{i}_u \tag{5-42}$$

其中,噪声电流成分 $\overline{i}_c$ 与噪声电压 $\overline{v}_n$ 完全相关,其相关系数可记为 Y_c,即

$$\overline{i}_c = Y_c \overline{v}_n \tag{5-43}$$

式中,Y_c 具有导纳的量纲,称为相关导纳。而噪声电流成分 $\overline{i}_u$ 与噪声电压源 $\overline{v}_n$ 完全不相关。

由图 5 - 20 可知,在平面 A - B 上,有输入信号源引入的噪声功率为

$$\overline{P}_{os} = \overline{v}_{ns}^2 \frac{|Z_{in}|}{|Z_s + Z_{in}|^2} \tag{5-44}$$

噪声电压源 $\overline{v}_n$ 和噪声电流成分 $\overline{i}_c$ 产生的噪声功率为

$$\overline{P}_{on1} = |Y_c + Y_s|^2 \overline{v}_{ns}^2 \frac{|Z_{in}||Z_s|^2}{|Z_s + Z_{in}|^2} \tag{5-45}$$

其中,$Y_s = \dfrac{1}{Z_s}$,它是信号源阻抗的导纳值。

噪声电流成分 $\overline{i}_u$ 产生的噪声功率为

$$\overline{P}_{on2} = \overline{i}_u^2 \frac{|Z_{in}||Z_s|^2}{|Z_s + Z_{in}|^2} \tag{5-46}$$

有噪声因子的定义为

$$F = \frac{\bar{v}_{ns}^2 + \bar{i}_u^2 \mid Z_s \mid^2 + \mid Y_c + Y_s \mid^2 \bar{v}_{ns}^2 \mid Z_s \mid^2}{\bar{v}_{ns}^2} = 1 + \frac{\bar{i}_u^2 + \mid Y_c + Y_s \mid^2 \bar{v}_n^2}{\bar{i}_s^2} \qquad (5-47)$$

其中，$\bar{i}_s^2 = \dfrac{\bar{v}_{ns}^2}{\mid Z_s \mid^2}$，是输入信号源产生的等效噪声电流的均方值。

式（5-47）中包含三个独立的噪声源，可以将它们等效为三个电阻产生的热噪声，即

$$R_n = \frac{\bar{v}_n^2}{4k_B T \Delta f} \qquad (5-48)$$

$$G_u = \frac{\bar{i}_u^2}{4k_B T \Delta f} \qquad (5-49)$$

$$G_s = \frac{\bar{i}_s^2}{4k_B T \Delta f} \qquad (5-50)$$

其中，k_B 为波尔兹曼常数，T 为绝对温度，Δf 为电路带宽。

将信号源导纳 Y_s 和相关导纳 Y_c 都表示为电导和电纳之和，即

$$Y_s = G_s + jB_s \qquad (5-51)$$
$$Y_c = G_c + jB_c \qquad (5-52)$$
$$\bar{i}_c = Y_c \bar{v}_n \qquad (5-53)$$

将式（5-51）～式（5-53）代入式（5-47）中，可得

$$F = 1 + \frac{G_u + \mid Y_c + Y_s \mid^2 R_n}{G_s} \qquad (5-54)$$

式（5-54）可以进一步表示为

$$F = 1 + \frac{G_u + [(G_s + G_c)^2 + (B_s + B_c)^2] R_n}{G_s} \qquad (5-55)$$

由式（5-55）可知，一个二端口网络的噪声性能可以有 G_u、G_c、B_s 和 R_n 这四个噪声参数描述，而且噪声性能与输入信号源导纳有关，通过选择合适的输入信号源导纳，可以使得一个二端口网络的噪声因子（噪声系数）达到最小。下面我们来推导二端口网络的噪声因子达到最小时信号源导纳的值。

噪声因子达到最小时，必有

$$B_s = -B_c = B_{opt} \qquad (5-56)$$

在此条件下，将式对 G_s 求微分，并令其为 0，有

$$\frac{dF}{dG_s}\bigg|_{B_s = -B_c} = \frac{1}{G_s^2} R_n [2G_s(G_s + G_c) - (G_s + G_c)^2 - \frac{G_u}{R_n}] = 0 \qquad (5-57)$$

即

$$G_s = \sqrt{\frac{G_u}{R_n} + G_c^2} = G_{opt} \tag{5-58}$$

在此条件下,该二端口网络的噪声因子可以达到最小,即

$$F_{min} = 1 + 2R_n[G_{opt} + G_c] = 1 + 2R_n\left[\sqrt{\frac{G_u}{R_n} + G_c^2} + G_c\right] \tag{5-59}$$

则式(5-59)可以表示为

$$F = F_{min} - 2R_nG_{opt} - 2R_nG_c + \frac{G_u}{G_s} + \frac{R_n}{G_s}[(G_s + G_c)^2 + (B_s + B_c)^2] \tag{5-60}$$

可知

$$-B_c = B_{opt} \tag{5-61}$$

$$G_u = R_nG_{opt}^2 - R_nG_c^2 \tag{5-62}$$

将式(5-62)代入式(5-59),可得

$$F = F_{min} + \frac{R_n}{G_s}[(G_s - G_{opt})^2 + (B_s - B_{opt})^2] \tag{5-63}$$

式(6-63)说明二端口网络的噪声性能可以由 F_{min}、R_n、G_{opt} 和 B_{opt} 四个噪声参数确定。由于这四个噪声参数容易测量,噪声因子(噪声系数)的计算也简单明了,式(5-63)在实际中得到了广泛的应用。

5.3.2　噪声模型

按照 3.2.3 节中的介绍,InAs/AlSb HEMTs 主要需要考虑热噪声和散粒噪声两种噪声源,分别为源极沟道热噪声 i_d^1 和栅极热噪声 i_g^2,以及栅极的散粒噪声 i_{gs}^2。然而无论是热噪声还是散粒噪声都可以以一种简单的等效电路来表示,即使用电阻和电压源串联(恒压源模型),或者电阻与电流源并联(恒流源模型),如图 5-20 所示。该种等效方法可以大大降低噪声模型小信号等效电路的复杂度,在电路分析和研究的过程中非常有意义。

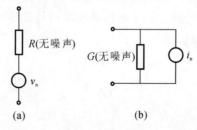

图 5-20　热噪声及散粒噪声等效电路

(a)恒压源模型;　(b)恒流源模型

因此,InAs/AlSb HEMTs 栅极热噪声和漏极热噪声可以分别由噪声电流源 i_{ng} 和 i_{nd} 来表示,栅极上的散粒噪声由噪声电流源 $i_{\text{ng,s}}$ 来表示,如图 5-21 所示。通过调节三个附加电流源的值来使得不同频点下噪声系数的模拟结果符合噪声系数测试结果。

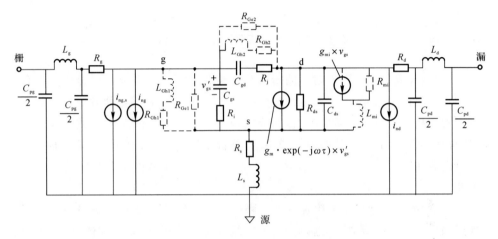

图 5-21　InAs/AlSb HEMTs 小信号噪声等效电路图

对比参考文献[98]中的 InAs/AlSb HEMTs 在偏置电压为 $V_{\text{ds}} = 0.2 \text{ V}$,$V_{\text{gs}} = -0.85 \text{ V}$ 条件下测得的噪声系数曲线,发现仿真噪声系数与测试结果趋近一致,如图 5-22 所示,说明该等效噪声模型具备良好的实用性。

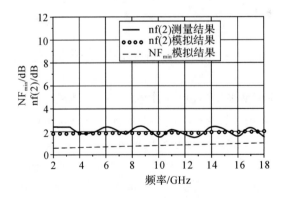

图 5-22　偏置电压为 $V_{\text{ds}} = 0.2 \text{ V}$, $V_{\text{gs}} = -0.85 \text{ V}$ 条件下噪声系数模拟结果与实际测试结果对比图

5.4 InAs/AlSb HEMTs 器件碰撞离化效应模型表征

5.4.1 附加噪声电流的数学表征方法

(1)碰撞离化效应引入附加的栅极散粒噪声:由于器件沟道层到栅极缺少有效的空穴阻挡层,容易产生沟道到栅极的空穴输运通道,碰撞离化效应产生的部分空穴穿越上层势垒从栅极流出,形成栅极空穴漏电。空穴漏电的隧穿效应将在栅极引入除热噪声以外的附加噪声,即栅极散粒噪声。栅极散粒噪声电流大致可以表述为 $i_{G,n} \cong (2 \cdot q \cdot i_{Gh})^{1/2}$,其中 I_{Gh} 为由碰撞离化效应产生的空穴漏电流。

(2)碰撞离化效应引入附加的沟道噪声:碰撞离化效应产生的部分空穴受缓冲层和沟道价带能量势垒的影响,积累在缓冲层中靠近栅-漏的一侧,使栅极的电子密度增加,沟道更容易开启,在沟道中产生附加电流,即沟道碰撞离化电流。沟道碰撞离化电流将在沟道中引入除热噪声以外的附加噪声,即沟道碰撞离化噪声,其噪声电流可表示为 $i_{ds,i,n} = m \cdot f[M(E)] \cdot (2qI_D)^{1/2}$,其中 $M(E)$ 为碰撞离化噪声电流与电场相关的倍增因子,其与多数载流子碰撞离化率 τ_i 成正比 ($\tau_i = \alpha_n n v_n + \alpha_p p v_p$,其中 α 为电离系数);m 为修正系数,将基于本项目中制备器件的噪声测试数据进行提取。

5.4.2 碰撞离化效应频率响应及噪声表征方法

碰撞离化效应模型采用的模型结构如图 5-23 所示:①分别使用 C_{pg}、C_{pd} 和 C_{pgd} 三个电容来模拟栅-源、漏-源和栅-漏的外部电路寄生电容;分别使用 R_g、R_d 和 R_s 三个电阻来模拟栅极、漏极和源极的外部电路寄生电阻,其产生热噪声的等效噪声温度拟选用实际工作温度 T_a。②R_i 和 R_j 表征沟道电势通过栅-源、栅-漏电容耦合到栅端的导电通道所产生的栅极热噪声电流通道,其等效噪声温度拟选用实际工作温度 T_a。③分别用与 C_{gs} 和 C_{gd} 并联的电阻 R_{gs} 和 R_{gd} 来表征栅极肖特基漏电流通道,其将产生栅极散粒噪声,拟引入新参数 T_{Ge} 来表征其等效噪声温度;用分别并联在 C_{gs} 和 C_{gd} 之上的 $R_{gs,i}$ 和 $R_{gd,i}$ 来表征栅极空穴漏电通道,其将产生栅极散粒噪声,拟引入新参数 T_{Gh} 表征其等效噪声温度。④碰撞离化产生的额外沟道电流的通道拟用并联在源-漏间的电阻 $R_{ds,i}$ 来模拟,其将在沟道产生碰撞离化噪声,拟引入新参数 $T_{ds,i}$ 表征其等效噪声温度。⑤由于碰撞离化效应与频率强相关,与碰撞离化效应相关的元件 $R_{gs,i}$、$R_{gd,i}$、$R_{ds,i}$、$g_{m,i}$ 拟用频率响应系数 $f(\omega\tau_i,n)$ 来修正,拟引入新参数 n 表示碰撞离化效应对频率的响应速率。

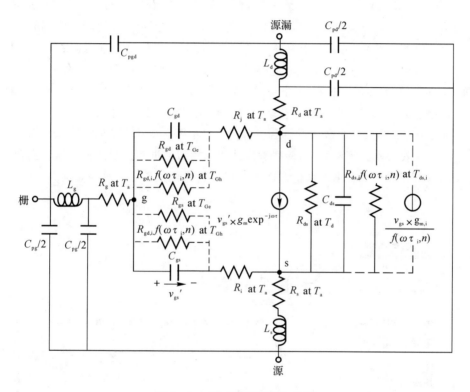

图 5-23　噪声模型等效电路图

实线部分为传统 HEMTs 器件模型,虚线部分为本项目拟增加的表征碰撞离化效应的元件;
红色参数为本项目拟重点增加的模型参数,其中 n 拟表征碰撞离化效应频率响应速率,T 拟表征
附加元件参数的效噪声温度

　　模型参数提取采取目前较为成熟的提取思路,如图 5-24 所示。利用 cold 测量方法直接提取非本征电路元件参数值。本征电路元件参数值的提取需要首先将 S 参数测量结果转化成 Z 参数测量值,然后在已提取的非本征参数的基础上提取本征 Z 参数测量值,之后将本征 Z 参数测量值转化成本征 Y 参数测量值,继而通过电路变换求取本征电路元件的参数值。在模型参数提取过程中,本

征参数为提取难点。由于碰撞离化效应和频率强相关,因此本课题拟采用"双频法"开展本征参数提取,即分别基于实际器件的高频和低频测试数据提取"非碰撞离化相关本征参数"和"碰撞离化相关本征参数"。随着频率的增加,频率响应因子 $1+j(\omega\tau_i)^n$ 趋近于无穷大,使得 $R_{gs,i}$,$R_{gd,i}$,$R_{ds,i}$ 和 $g_{m,i}$ 等与碰撞离化效应相关的元件可以被忽略,本征 Y 参数的表达式可以大大简化,此时"非碰撞离化相关参数"可以通过对本征参数测量值的直接数据拟合方法获得。在极低频率(小于 100 MHz)下,频率响应因子 $1+j(\omega\tau_i)^n$ 可以被看作为 1,同时 C_{gs} 和 C_{gd} 的影响基本可以被忽略,此时 $R_{gs,i}$,$R_{gd,i}$,$R_{ds,i}$ 和 $g_{m,i}$ 的值可以在已经提取到的"非碰撞离化相关参数"的基础上从本征 Y 参数的实数部分直接求得。之后,拟通过调节 τ_i 和 n 使 $Y_{21,intr}$ 和 $Y_{22,intr}$ 能够尽量拟合实际现象,从而确定最佳的 τ_i 和 n 的参数值,具体的提取过程如图 5-24 所示。噪声模型参数的提取将在噪声理论基础上进行研究。根据经典二端口噪声理论,器件的噪声性能可由 F_{min},R_n,g_n,G_{ass} 和 Γ_{opt} 等 5 个参数表示,因此通过调整噪声模型中 T_d,T_{Ge},T_{Gh},$T_{ds,i}$ 等 4 个附加等效噪声温度参数值,使得噪声性能的模拟数据和实际测量数据相吻合,从而得出等效噪声温度参数值。本课题拟采用优化数学方法对等效噪声温度进行求解。

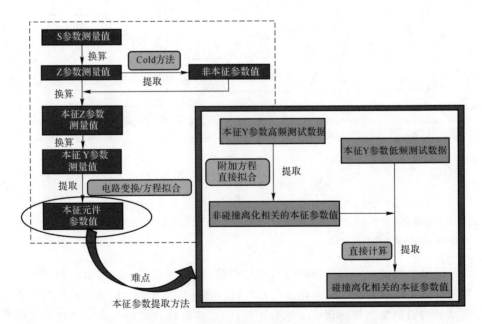

图 5-24　模型元件参数提取思路示意图

第六章　InAs/AlSb HEMTs 低噪声放大器设计

　　射频接收机位于天线下一级,负责接收信号并对信号进行放大、混频、滤波等之后传递给基带进行处理。图 6-1 为传统的超外插式接收机结构框图,其中低噪声放大器(LNA)位于接收机的最前端,是射频接收系统中第一个有源电路。当接收信号很小时,LNA 能够以很小的附加噪声将有用信号放大,当输入信号很大时,LNA 可以无失真地对信号进行接收,因此 LNA 是整个射频接收系统非常关键的模块,直接决定了接收机的信号灵敏度[101,108]。

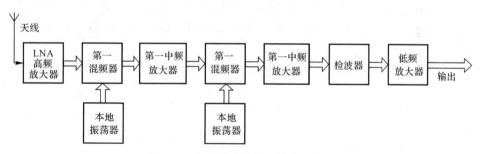

图 6-1　超外插式接收机结构示意图

　　LNA 主要有如下特点[108]:

　　(1)它位于接收机的第一级。由于多级级联线性网络的噪声系数主要来源于第一级,因而 LNA 的噪声系数越小越好。

　　(2)有时接收到信号幅度非常微弱,因此要求 LNA 具有一定的增益,使得微弱的有用信号能够被线性放大,但为了不导致后级混频器过载而产生非线性失真,LNA 的增益又不能过大。

　　(3)LNA 通过传输线直接和天线或后级滤波器等相连,因此需要与前、后级形成良好的匹配来降低电压驻波系数,同时改善噪声性能。

　　除此之外还需要考虑稳定性系数、线性度等指标。下面对各指标的具体意义及表述方法进行阐述。

6.1 LNA 关键指标

6.1.1 噪声系数

在信号通过放大器之后由于放大器本身会产生一定的噪声,使输出信噪比相对于输入信噪比发生恶化,其恶化的倍数用分贝(dB)表示,即噪声系数 NF。因此,NF 可定义如下:

$$NF = \frac{\dfrac{S_{in}}{N_{in}}}{\dfrac{S_{out}}{N_{out}}} \qquad (6-1)$$

$$NF(dB) = 10 \lg(NF) \qquad (6-2)$$

其中,S_{in}/N_{in} 和 S_{out}/N_{out} 分别为输入信噪比和输出信噪比。噪声系数为 LNA 设计中需要首先考虑的最重要的指标。

LNA 的噪声也可以用等效噪声温度 T_e 来表征。T_e 与 NF 之间关系如下:

$$T_e = T_0(NF - 1) \qquad (6-3)$$

其中,T_0 为环境温度,通常取为 293 K。

6.1.2 增益

增益是衡量 LNA 性能指标的另一个非常重要的参数。在 LNA 电路设计过程中,根据不同的目的和要求,通常需涉及的增益表示方法有工作增益 G_p(又称为实际功率增益)、资用功率增益 G_a(又称有用功率增益)、转换功率增益 G_t、最大功率增益 G_m 等[53]。这几种增益具有不同的定义,并对应不同的物理意义。

1. 最大功率增益 G_m

放大器输出端口实际传送到负载的功率与信号源的资用功率之比称为放大器的转换功率增益。当输入阻抗和输出阻抗共轭匹配时,放大器的转换功率增益将会达到最大值,即最大功率增益 G_m。

2. 工作功率增益 G_p

放大器输出端口实际传送给负载的功率信号与实际传送到放大器输入端口的功率之比被定义为放大器的工作增益 G_p。它是放大器在实际工作中提供的真实功率增益的量度。

3.资用功率增益 G_a

放大器输出端口的资用功率与信号源的资用功率之比被定义为放大器的资用功率增益 G_a。它不是放大器的实际工作功率增益,其由输入匹配网络的反射系数决定,因此需要对 LNA 设计合适的输入匹配网络,使得资用功率增益达到最大值。

6.1.3　反射系数

LNA 的另一个重要指标是反射系数,将反射系数取 dB 值则被称为驻波比,即 S 参数。二端口 S 参数的具体意义如图 6-2 所示。

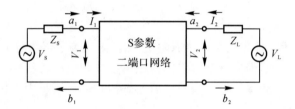

图 6-2　S 参数二端口模型

当输出端达到匹配时,定义 S_{11} 和 S_{21} 为

$$\left.\begin{array}{l} S_{11}=20\mathrm{dB}\left(\dfrac{b_1}{a_1}\bigg|_{a_2=0}\right) \\[4mm] S_{21}=20\mathrm{dB}\left(\dfrac{b_2}{a_1}\bigg|_{a_2=0}\right) \end{array}\right\} \tag{6-4}$$

它们分别表示当没有能量从负载反射回来(即 $a_2=0$)时的输入驻波比和前向增益。

当输入端达到匹配时,定义 S_{12} 和 S_{22} 如下:

$$\left.\begin{array}{l} S_{12}=20\mathrm{dB}\left(\dfrac{b_1}{a_2}\bigg|_{a_1=0}\right) \\[4mm] S_{22}=20\mathrm{dB}\left(\dfrac{b_2}{a_2}\bigg|_{a_1=0}\right) \end{array}\right\} \tag{6-5}$$

它们分别表示当没有能量从源极反射回来(即 $a_1=0$)时的反向隔离度和输出驻波比。

S 参数的具体说明如表 6-1 所示。

表 6 - 1 S 参数的具体说明

S_{11}	端口 2 匹配时,端口 1 的驻波比
S_{22}	端口 1 匹配时,端口 2 的驻波比
S_{12}	端口 1 匹配时,端口 2 到端口 1 的反向传输系数
S_{21}	端口 2 匹配时,端口 1 到端口 2 的正向传输系数
对于互易网络,有 $S_{12} = S_{21}$	
对于对称网络,有 $S_{11} = S_{22}$	
对于无耗网络,有 $(S_{11})^2 + (S_{12})^2 = 1$	

在 LNA 设计中,S_{11},S_{22} 分别表明了 LNA 的输入和输出匹配程度的优劣,因此我们需要在晶体管的输入和输出端加入匹配网络来调节驻波比。理想情况下,需要使得放大器输入阻抗等于源阻抗,输出阻抗等于负载阻抗,那么此时 S_{11} 和 S_{22} 将达到最小值,但实际上这将牺牲噪声系数和增益的特性。但是如果 S_{11} 和 S_{22} 过大,则将发生输入输出失配。因此 S_{11} 和 S_{22} 需要折中考虑,通常我们希望二者在 -10 dB 以下。

6.1.4 稳定特性

在 LNA 设计过程中我们还需要着重考虑其设计稳定性,即要求所设计的 LNA 在需要的频带内稳定工作且不发生自激震荡[108]。放大器是否稳定可以通过 S 参数进行判断。

设二端口的输入阻抗为 $Z = R + jX$,对参考阻抗 Z_0 的反射系数 Γ 为

$$\Gamma = \frac{Z - Z_0}{Z + Z_0} = \frac{R - Z_0 + jX}{R + Z_0 + jX} \tag{6-6}$$

反射系数的模为

$$|\Gamma| = \sqrt{\frac{(R - Z_0)^2 + X^2}{(R + Z_0)^2 + X^2}} \tag{6-7}$$

网络绝对稳定的条件为 $|\Gamma| < 1$,在不稳定的情况下则表现出 $|\Gamma| > 1$。因此,二端口网络绝对稳定和不稳定的边界条件是网络某端口的反射系数的模等于 1。结合 S 参数,可以推导出一个二端口网络输入输出端口同时稳定的必要且充分条件:

$$1 - |S_{11}|^2 > |S_{12}S_{21}| \tag{6-8}$$

$$1 - |S_{22}|^2 > |S_{12}S_{21}| \tag{6-9}$$

$$\frac{1-\mid S_{11}\mid^2-\mid S_{22}\mid^2+\mid D_s\mid}{2\mid S_{12}S_{21}\mid}>1 \qquad (6-10)$$

定义稳定性系数 K 为

$$K=\frac{1+\mid\Delta\mid^2-\mid S_{11}\mid^2-\mid S_{22}\mid^2}{2\mid S_{11}\mid\mid S_{11}\mid} \qquad (6-11)$$

$$\Delta=S_{11}S_{22}-S_{12}S_{21} \qquad (6-12)$$

那么,当 $K>1$ 且 $\mid\Delta\mid<1$ 时,电路无论在任何情况下都是绝对稳定的;当 $K<1$ 或 $\mid\Delta\mid>1$ 时,则电路存在不稳定因素,有可能会发生自激。此时需要在电路设计中外加元器件调节 LNA 的工作零点,以避免自激现象的发生。

6.1.5　线性度

非线性 LNA 将产生丰富的谐波分量,这些谐波中部分会落在接收机的频带内形成杂散,同时对 RF 接收机的灵敏度产生非常恶劣的影响。非线性失真通常用 1 dB 压缩点、三阶交调、三阶交调截点 OIP3 等指标来描述[1],下面分别讨论这三个指标。

(1)1 dB 压缩点输出功率(P1 dB):对于一个射频放大器,当输入信号较小时,其输出与输入可以保证线性关系,输入电平增加 1 dB,输出电平增加 1 dB。随着输入信号电平的增加,输入电平增加 1 dB 时输出增加幅度将小于 1 dB,即增益开始压缩。增益压缩 1 dB 时的输入电平称为输入 1 dB 压缩点,这时输出信号电平被称为输出 1 dB 压缩点,用 P1 dB 表示,如图 6-3 所示。典型情况下,当输出功率超过 P1dB 3～4dB 时,将达到一个饱和值,即饱和功率 P_{sat}。

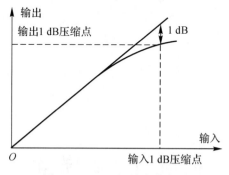

图 6-3　1 dB 压缩点示意图

(2)三阶交调:三阶交调(双音三阶交调)是用来衡量非线性的一个重要指标。当两个频率相隔 Δf 且电平相等的单音信号同时输入放大器时,放大器的输出频谱如图 6-4 所示。三阶交调产物 IMD3 是三阶交调信号与主信号之比，通常用 dBc 来表示。

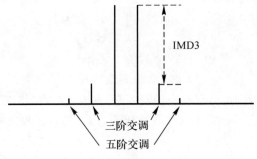

图 6-4　三阶交调产物示意图

(3)三阶交调截点 OIP3：当输入信号增加 1dB 时，其输出三次谐波分量信号将有 3dB 的增加。当输入主信号在不考虑压缩的情况下增加到一定程度时，输出主信号与三阶交调产物大小相等，这一点被称作三阶截止点，此时对应的输出功率被定义为放大器的输出三阶交调功率，即三阶交调截止点 OIP3。OIP3 实际上并不存在，它是一个虚拟的功率点，其物理意义图 6-5 所示。OIP3 是射频电路中被普遍采用的衡量放大器线性度的关键指标。

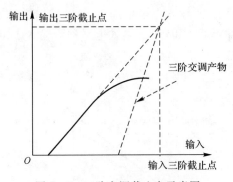

图 6-5　三阶交调截止点示意图

6.2　匹　配　理　论

S 参数和 Smith 圆图是射频电路设计的基础理论知识，在射频电路设计和仿真过程中十分重要。

6.2.1　S 参数及 Smith 圆图

S 参数表示的是全频段的信息,由于传输线的带宽限制,一般在高频的衰减比较大,S 参数的指标只要在由信号的边缘速率表示的 EMI 发射带宽范围内满足要求就可以了。

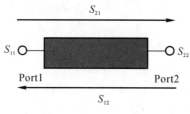

图 6-6　二端口网络

下面以图 6-6 二端口网络为例说明各个 S 参数的含义。二端口网络有四个 S 参数,S_{ij} 代表的意思是能量从 j 口注入,在 i 口测得的能量,如 S_{11} 定义为从 Port1 口反射的能量与输入能量比值的二次方根,也经常被简化为等效反射电压和等效入射电压的比值。各参数的物理含义和特殊网络的特性如下:

S_{11}:端口 2 匹配时,端口 1 的反射系数。

S_{22}:端口 1 匹配时,端口 2 的反射系数。

S_{12}:端口 1 匹配时,端口 2 到端口 1 的反向传输系数。

S_{21}:端口 2 匹配时,端口 1 到端口 2 的正向传输系数。

对于互易网络,有 $S_{12}=S_{21}$。

对于对称网络,有 $S_{11}=S_{22}$

对于无耗网络,有 $(S_{11})^2+(S_{12})^2=1$。

我们经常用到的单根传输线,或一个过孔,就可以等效成一个二端口网络,一端接输入信号,另一端输出信号,如果以 Port1 作为信号的输入端口,Port2 作为信号的输出端口,那么 S_{11} 表示的就是回波损耗,即有多少能量被反射回源端(Port1)。这个值越小越好,一般建议 $S_{11}<0.1$,即 -20 dB。S_{21} 表示插入损耗,也就是有多少能量被传输到目的端(Port2)了。这个值越大越好,理想值是 1,即 0 dB,S_{21} 越大传输的效率越高,一般建议 $S_{21}>0.7$,即 -3 dB。如果网络是无耗的,那么只要 Port1 上的反射很小,就可以满足 $S_{21}>0.7$ 的要求,但通常的传输线是有耗的,尤其在 GHz 以上,损耗很显著,即使在 Port1 上没有反射,经过长距离的传输线后,S_{21} 的值就会变得很小,表示能量在传输过程中还没到达目的地,就已经消耗在路上了。对于由 2 根或以上的传输线组成的网络,还会有传输线间的互参数,可以理解为近端串扰系数、远端串扰系数,注意在奇模激励和偶模激励下的 S 参数值不同。

为了简化反射系数的计算,P. H. Smith 开发了以保角映射原理为基础的图解方法。这种近似法使得有可能在同一个图中简单直观地显示传输线阻抗以及反射系数,该图解方法称为史密斯(Smith)圆图。

在微波频段的电路设计中,必须进行电路匹配,同时又要保证匹配网络中的被动元件的精度,史密斯圆图为解决这些问题提供了一个有效的方法。通过史密斯圆图,可以将所有匹配网络中的无源器件的阻抗值,画在以单位长度为半径的反射系数的圆图内,运用圆图中的阻抗圆或导纳圆中电阻的变换,来进行电路输入和输出部分的阻抗匹配。由于史密斯圆图读数精确方便,所以可以帮助解决晶体管电路设计中的许多问题。

史密斯圆图是在反射系数平面中表述所有 $Re[Z] \geqslant 0$ 的 Z 值与反射系数的关系,该平面叫作 Γ 平面,其表达式为

$$\Gamma = \frac{Z-1}{Z+1} \tag{6-13}$$

Z_0 是传输线的特征阻抗或者参考阻抗的特征值。定义归一化阻抗为

$$Z = \frac{Z}{Z_0} = \frac{R+\mathrm{j}x}{Z_0} = r+\mathrm{j}x \tag{6-14}$$

定义反射系数为沿着传输线的某个固定空间位置的反射电压波与入射电压波之比。其中最重要的是在负载位置 $d=0$ 处的反射系数。从物理观点看,负载反射系数 Γ_0 描述了特性线阻抗 Z_0 和负载阻抗 Z_L 之间的阻抗失配度。把从负载指向传输线始端的方向称为正 d 方向。从 Γ_0 向 $\Gamma(d)$ 转换是构成作为图解法工具的 Smith 圆图的关键组成部分之一。

6.2.2 噪声匹配与功率匹配

为了实现最大的功率传输,就必须使负载阻抗与源阻抗相匹配。实现上述匹配的通常做法是在源和负载之间再插入一个无源网络,这种无源网络通常被视为匹配网络。微波晶体管放大器的输入、输出匹配网络的任务是将复数阻抗变换为实数阻抗(例如 50 Ω 负载)或实现复数阻抗之间的共轭匹配。在 LNA 设计中,输入输出匹配的好坏直接决定着 LNA 的各项性能。

6.2.2.1 匹配理论分析

在 LNA 设计过程中,需要着重考虑噪声系数和功率传输两个问题。最优噪声性能和最大功率传输的实现都与匹配网络的选择和设计息息相关。因此输

入输出匹配网络的选择和设计成为 LNA 设计的重点[109-110]。插入匹配网络后，整个 LNA 电路的示意图如图 6-7 所示。

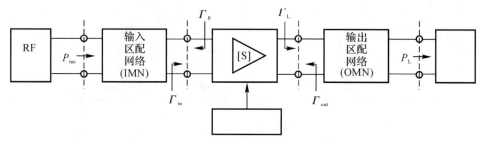

图 6-7　加入匹配网络的 LNA 示意图

根据二端口噪声理论[108]，要达到最小噪声系数，需要在输入端做噪声匹配，即信号源阻抗 Z_s 需要达到晶体管输入端的最佳输入阻抗 Z_{opt}，即

$$Z_s = G_s + jB_s = G_{opt} + jB_{opt} \tag{6-15}$$

而在输出端，为了达到功率的最大传输，选择最大增益匹配，即晶体管的输出阻抗与负载阻抗形成共轭匹配：

$$\left. \begin{array}{l} Z_s = Z_{in}^* \\ Z_L = Z_{out}^* \end{array} \right\} \tag{6-16}$$

实际上除了满足噪声系数和功率传输的需求，匹配网络的选取还需要兼顾到输入和输出端的反射系数，即 S_{11} 和 S_{22} 需要在合理的范围内，以便减少与前后级失配造成的影响[110]。

在匹配电路设计过程中，Smith 圆图凭借其简单直观的特点成为匹配电路设计的首选方法。该方法是 P. H. Smith 在保角映射理论基础上开展的一种图解方法，图 6-8 中使用的圆图被称为 Smith 圆图。目前几乎所有的 CAD 设计软件中都内嵌了 Smith 圆图的分析工具，可以实现电路阻抗分析、稳定性分析和匹配设计。

Smith 圆图中是阻抗圆图（在右侧共切的圆组合）和导纳圆图（在左侧共切的圆组合）的叠合，以中间横轴电阻线为参考，圆图上半平面是感性区，下半平面是容性区，圆点是 50 Ω 匹配点。图中每一点对应一个阻抗参数。假设电路的阻抗为 A，则并联电容后 A 沿着等电导圆顺时针转动，并联电感后 A 沿着等电导圆逆时针转动，串联电容后 A 沿等电阻圆逆时针转动，串联电感后 A 沿着等电阻圆逆时针转动，具体对应关系见表 7-2。按照上述规律，即可通过串并联各种元件达到需要的匹配位置。我们在 LNA 匹配电路设计中需要遵循的原则是，Smith 圆图中阻抗曲线越接近匹配点、越短越好。

表 6 - 2　Smith 圆图变化表

增加元器件行为	Smith 圆图变化趋势
串联电感	沿着等电阻圆顺时针转动
串联电容	沿着等电阻圆逆时针转动
并联电感	沿着等电导圆逆时针转动
并联电容	沿着等电导圆顺时针转动

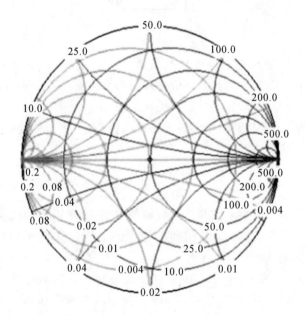

图 6 - 8　完整的 Smith 圆图

6.2.2.2　L 形匹配网络的基本形式

为了向负载传送最大功率或者达到特定的设计要求,需要用匹配网络,因为放大器的输入和输出两个端口必须实现适当置端条件。图 6 - 9 描述了一种典型应用情况,为了向 50 Ω 的负载传送最大功率,要求晶体管的置端必须为 Z_s 和 Z_L。输入匹配网络设计将使信号源阻抗(50 Ω)变换到源阻抗 Z_s,而输出匹配网络将使 50 Ω 终端变换到负载阻抗 Z_L。

有很多个同类型的匹配网络设计,像图 6 - 10 中所示的这 8 个 L 形电路虽然不是最简单的,但却是相当实用的。为了不消耗任何信号功率,这些匹配网络是无损耗的。Smith 圆图可以很方便地用来设计匹配网络图。

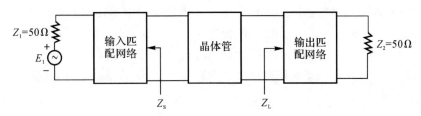

图 6-9　微波放大器示意框图

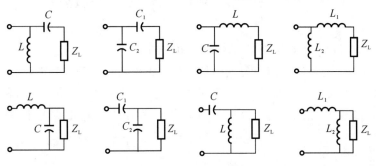

图 6-10　各种匹配网络

6.2.2.3　微带线匹配网络

微带线匹配广泛应用于微波晶体管放大器的制作工艺,因为它们容易由印刷电路技术实现。网络的连接以及元件和晶体管器件的安放,在微带线的金属表面很容易实现。在微波晶体管放大器和微波集成电路技术中,微带线的优越性能使其成为最重要的传输介质之一。

微波晶体管放大器常用的微带线匹配网络有串联和并联两种形式,图 6-11 示出了几种典型结构形式。但不管哪种形式,都必须把信源阻抗和负载阻抗转换成放大器所需的阻抗。

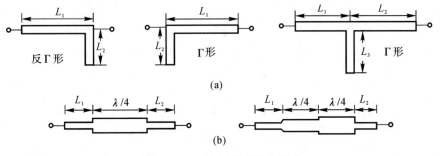

图 6-11　匹配网络的基本形式

(a)并联型;　(b)串联型

　　然而,匹配网络的功能并不仅限于为实现理想功率传输在源和负载之间进行阻抗匹配。事实上,许多实际的匹配网络并不是仅为减小功率损耗而设计的,它们还具有其他功能,如减小噪声干扰、提高功率容量和提高频率响应的线性度等。通常认为,匹配网络的用途就是实现阻抗变换,就是将给定的阻抗值变换成其他更合适的阻抗值。

6.3　常见的 LNA 电路结构

　　在 LNA 电路设计中,通常选用源极电感负反馈结构来满足一个电阻性的输入阻抗,以便与前级形成良好的阻抗匹配。通常考虑以下三种电路拓扑结构:共栅放大器源极电感负反馈结构、反相器放大器源极电感负反馈结构和共源共栅放大器源极电感负反馈结构[108]。下面分别对此三种电路拓扑结构进行介绍。

6.3.1　共栅结构电感源级负反馈 LNA

　　共栅放大器结构的电路拓扑结构如图 6-12 所示。其中:C_1 是隔直电容,防止直流分量进入晶体管,当射频输入时其相当于短路,并参与输入匹配;C_2 为输出端至下一级的寄生电容,一般取为 0.5 pF,它也将参与输出匹配;L_s 为源极串联电感,其在工作频率时与晶体管源极的寄生电容发生谐振;L_d 为漏极串联电感,其在工作频率时与晶体管漏极的寄生电容发生谐振;Y_L 是放大器的负载,一般为 0.02 S,即提供 50 Ω 的输出电阻。

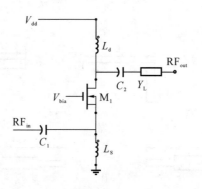

图 6-12　共栅结构低噪声放大器

6.3.2　反相器结构电感源级负反馈 LNA

反相器结构的 LNA 基本电路结构如图 6-13 所示。该种电路结构利用了电流复用技术，晶体管 M_1 和 M_2 类型相反，以反相器的形式将栅极连接在一起，可以在低电流的情况下获得较大的电路跨导 g_m，同时实现较高的电路截止频率 ω_T。其中，两个源极电感 L_{s1}、L_{s2} 和栅极电感 L_g 配合使用，产生源极负反馈；其输出端需要增加匹配网络之后与后级相连。

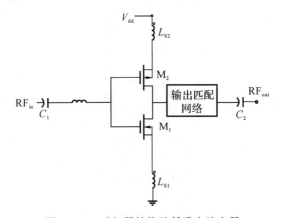

图 6-13　反相器结构的低噪声放大器

6.3.3　共源共栅级联电感源级负反馈 LNA

共源共栅源极负反馈 LNA 电路结构（cascode 结构）如图 6-14 所示，其中晶体管 M_1 源极与电感 L_s 相连，形成电感源极负反馈，该级主要是可以提供良好的输入匹配和噪声系数。M_1 作为 M_2 的源极负载出现，而 M_2 则相当于共栅 LNA 结构，该级是为了提供足够的增益，并抑制共源级晶体管的栅漏寄生电容，使得输入和输出端很好隔离，提高 LNA 的稳定性，并增强噪声性能。由于该结构可以有效降低弥勒效应对放大器的性能的影响，具备良好的反向隔离性，并且其输入输出匹配简单，因此该种共源共栅源极负反馈结构是目前 LNA 设计中普遍采用的基本结构。

这里对共源共栅电感源极负反馈结构的小信号等效电路进行分析。

1. 共源极小信号分析

图 6-15(a)是共源极部分的小信号等效电路模型，其中 V_1，V_2 分别是图中

对应点的电压，I_1，I_2 则为图中对应支路的电流。通过米勒等效理论，图 6-15 (a)中的 C_{gd1} 和 L_s 可以被分别等效为图 6-15(b)中的 C_{g1}，C_{d1} 和 L_{s1}，L_{s2}，具体的换算公式如下：

$$C_{g1} = C_{gd1}(1 - V_2/V_1) \tag{6-17}$$

$$C_{d1} = C_{gd1}(1 - V_1/V_2) \tag{6-18}$$

$$L_{s1} = L_s(1 + I_2/I_1) \tag{6-19}$$

$$L_{s2} = L_s(1 + I_1/I_2) \tag{6-20}$$

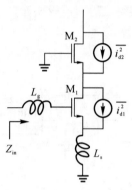

图 6-14　共源共栅源极负反馈结构

方便起见，用直流的值来估算 V_2/V_1，V_1/V_2，I_2/I_1，I_1/I_2。将一个电压源加载输入端，可以计算出 V_2/V 的值，将一个电压源加在输出端，可以计算出 V_1/V_2 的值，同理，I_2/I_1，I_1/I_2 的值也可以求得，计算过程如下：

$$\frac{V_2}{V_1} = -g_{m1}/g_{L1} \tag{6-21}$$

$$\frac{V_1}{V_2} \approx 0 \tag{6-22}$$

$$\frac{I_2}{I_1} = \frac{g_{m1}}{SC_{gs1}} = \frac{\omega_{T1}}{j\omega_0} \tag{6-23}$$

$$\frac{I_1}{I_2} \approx 0 \tag{6-24}$$

将式(6-17)～式(6-20)带入式(6-21)～式(6-24)可得

$$C_{d1} \approx 2C_{gd1} \tag{6-25}$$

$$L_{s1} \approx L_s\left(1 + \frac{\omega_{T1}}{j\omega_0}\right) \tag{6-26}$$

$$L_{s2} \approx L_s \tag{6-27}$$

$$C_{g1} = C_{gd1}(1 + g_{m1}/g_{L1}) \tag{6-28}$$

由上述推导可以发现米勒效应对输入共源结构影响显著:第一,米勒效应在输入端引入了一个附加电容,该电容与正向增益成正比,这将导致 L_g 和 L_s 增加,因此需要通过降低增益来减小该效应对电感电容的影响,其后的级联共栅结构由于较小的阻抗可以有效抑制输入共源级的增益,对减小该电容十分有效。第二,米勒效应在输出端引入一个约等于 $2C_{gd1}$ 的电容。

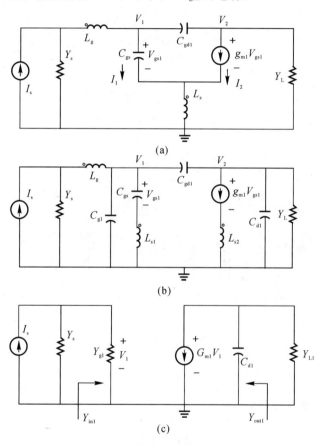

图 6-15　输入共源级小信号图

将图 6-15(b)进行阻抗合并和电路变换,得到图 6-16(c)的等效电路,其中 $Y_{g1}=g_{g1}+jB_{g1}$,$Y_{L1}=g_{L1}+jB_{L1}$,$G_{m1}=g_{m1}Y_{g1}/j\omega C_{gs1}$。根绝电路结构推导,此时共源极的输入阻抗和输出阻抗分别为

$$Y_{in1}=Y_{g1}=g_{g1}+jB_{g1} \tag{6-29}$$

$$Y_{out}=j\omega_0 C_{d1}\approx j\omega_0 C_{gd1} \tag{6-30}$$

共源极的电压增益和功率增益分别为

$$A_V = \frac{G_{m1}}{|Y_{L1} + j\omega_0 C_{gd1}|} \qquad (6-31)$$

$$G_{p1} = -|G_{m1}|^2 \frac{|Y_{L1}|}{|Y_{g1} + Y_s||Y_{L1} + j\omega_0 C_{d1}|^2} \qquad (6-32)$$

考虑到共源极的输入阻抗要与源端进行阻抗匹配,即 $Y_{g1} = Y_s$,则

$$G_{m1} = \frac{Y_s g_{m1}}{j\omega_0 C_{gs1}} \approx -jY_s \frac{\omega_{T1}}{\omega_0} \qquad (6-33)$$

将式(6-33)代入式(6-32)可得功率增益的表达式改写为

$$G_{p1} = Y_s \left(\frac{\omega_{T1}}{\omega_0}\right)^2 \frac{|Y_{L1}|}{2|Y_{L1} + j\omega_0 C_{d1}|^2}(谐振时) \qquad (6-34)$$

2. 级联共栅极小信号分析

级联共栅极部分的小信号等效电路图如图 6-16 所示。该级输入阻抗可以表达为

$$Y_{in2} = g_{m2} + j\omega_0 C_{gs2} \qquad (6-35)$$

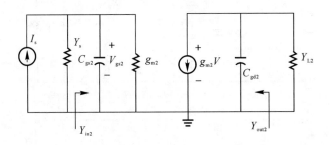

图 6-16 级联共栅结构小信号图

级联共栅极的特征角频率 $\omega_{T2} = \dfrac{g_{m2}}{C_{gs2}}$。由于 $\omega_0 \ll \omega_{T2}$,因此 $g_{m2} \gg \omega_0 C_{gs2}$,可得

$$Y_{in2} \approx g_{m2} \qquad (6-36)$$

级联共栅极的功率增益公式如下:

$$G_{p2} = \frac{g_{m2}^2}{|Y_{L2} + j\omega_0 C_{gd2}||g_{m2} + y_s + j\omega C_{gs2}|} \qquad (6-37)$$

其中,Y_{L2} 由两部分组成,其具体表达式为

$$Y_{L2} = \frac{1}{j\omega_0 L_d} + Y_{in2} \qquad (6-38)$$

其中:Y_{in2} 是下一个模块的输入导纳,在射频电路设计中一般取值 0.2 S;L_d 为漏极电感,其在工作频率下与共栅级 HEMTs 漏极寄生电容发生谐振。将式

(6-38)代入到式(6-37)中,级联共栅级的功率增益变为

$$G_{p2} = \frac{g_{m2}^2}{\left| \dfrac{1}{j\omega_0 L_d} + Y_{in2} + j\omega_0 C_{gd2} \right| \left| g_{m2} + y_s + j\omega C_{gs2} \right|} = \frac{50 g_{m2}^2}{\left| g_{m2} + y_s + j\omega C_{gs2} \right|}$$

$$(6-39)$$

级联共栅结构的电压增益式如下:

$$A_{V2} = \frac{g_{m2}}{\dfrac{1}{j\omega_0 L_d} + Y_{in2} + j\omega_0 C_{gd2}} = 50 g_{m2} \qquad (6-40)$$

3. 放大器整体的小信号分析

由于共源级和共栅级级联,因此前者的输出导纳即是后者的输入导纳,即 $Y_{L1} = Y_{in2} \approx g_{m2} + j\omega_0 C_{gs2}$ 成立,将该式代入式(6-37),共源级功率增益如下:

$$G_{p1} = Y_s \left(\frac{\omega_{T1}}{\omega_0} \right)^2 \frac{\left| g_{m2} + j\omega_0 C_{gs2} \right|}{2 \left| g_{m2} + j\omega_0 C_{gs2} + j\omega_0 C_{d1} \right|^2} \qquad (6-41)$$

根据经验,$\omega_0 C_{d1}$ 和 $\omega_0 C_{gs2}$ 的值为同一数量级且远小于 g_{m2} 的值,因此可得式如下:

$$G_{p1} \approx Y_s \left(\frac{\omega_{T1}}{\omega_0} \right)^2 \frac{1}{\left| g_{m2} \right|} \qquad (6-42)$$

发现 g_{m2} 和 G_{p1} 成反比,引起该现象的主要原因是两级间的失配导致。

对于共栅极而言,有 $Y_s = Y_{out1} = j\omega_0 C_{d1}$,将其代入式(6-42),则得到共栅极的功率增益为

$$G_{p2} = \frac{50 g_{m2}^2}{\left| g_{m2} + j\omega_0 C_{d1} + j\omega C_{gs2} \right|} \approx \frac{50 g_{m2}^2}{\left| g_{m2} + j\omega_0 C_{gd1} + j\omega C_{gs2} \right|} \qquad (6-43)$$

因为 $\omega_{T2} = \dfrac{g_{m2}}{C_{gs2}} \gg \omega_0$,即 $g_{m2} \gg \omega_0 C_{gs2}$,又因为 C_{gd1} 与 C_{gs2} 的值属于同一量级,因此可以推导出 $g_{m2} \gg \omega_0 C_{gd1}$,那么式(6-42)可以简化为

$$G_{p2} \approx \frac{50 g_{m2}^2}{\left| g_{m2} + j\omega_0 C_{gd1} + j\omega C_{gs2} \right|} \approx 50 g_{m2} \qquad (6-44)$$

取 $g_{m2} = 0.5$,那么 $G_{p2} \approx 25$,我们发现共栅级相比共源级而言可以提供更大的增益,则放大器的整体增益为

$$G_p = G_{p1} G_{p2} = \left(\frac{\omega_{T1}}{\omega_0} \right)^2 \frac{g_{m2}^3}{\left| g_{m2} + j\omega_0 C_{d1} + j\omega C_{gs2} \right|^3} \qquad (6-45)$$

由上面的分析可知,共栅极具有较高的功率增益,使得 LNA 整体增益提高,为 LNA 实现较高增益提供了理论基础。

4. 共源共栅级联源极负反馈 LNA 的二端口噪声理论分析

我们将共源共栅级联结构 LNA 看做两级 LNA,那么第一级为共源级,第

二级为共栅级。按照级联噪声理论,第一级在整体噪声中占首要位置,因此这里可以通过分析共源级噪噪声来粗略代表 LNA 噪声。

按照 HEMTs 二端口噪声理论分析可得,单管 HEMTs 的噪声表达如下:

$$R_n = \frac{\gamma}{\alpha} \times \frac{1}{g_m} \tag{6-46}$$

$$B_{opt} = -\omega C_{gs}\left(1 - \alpha \mid c \mid \sqrt{\frac{\delta}{5\gamma}}\right) \tag{6-47}$$

$$G_{opt} = \alpha\omega C_{gs}\sqrt{\frac{\delta}{5\gamma}(1 - \mid c \mid^2)} \tag{6-48}$$

$$F = \frac{2}{\sqrt{5}}\frac{\omega}{\omega_T}\sqrt{\gamma\delta(1 - \mid c \mid^2)}_{\ min} \tag{6-49}$$

而共源级相比单管 HEMT 只是多了一个源极电感负反馈。因此加入源极负反馈电感后,共源结构的二端口噪声参数如下:

$$R_n = \frac{\gamma}{\alpha} \times \frac{1}{g_m} \tag{6-50}$$

$$Z_{opt} = \frac{\alpha\sqrt{\frac{\delta}{5\gamma}(1 - \mid c \mid^2)} - j\left(1 + \alpha \mid c \mid\sqrt{\frac{\delta}{5\gamma}}\right)}{\omega C_{gs}\left[\frac{\alpha^2\delta}{5\gamma}(1 - \mid c \mid^2) + (1 + \alpha \mid c \mid\sqrt{\frac{\delta}{5\gamma}})^2\right]} - j\omega L_s \tag{6-51}$$

$$F = \frac{2}{\sqrt{5}}\frac{\omega}{\omega_T}\sqrt{\gamma\delta(1 - \mid c \mid^2)}_{\ min} \tag{6-52}$$

根据以上推导可知,源极负反馈电感对最小噪声系数不造成任何影响,其只对 Z_{opt} 的虚部有影响。

5. LNA 设计的其他结构考虑

以上讨论了三种单端 LNA,总体来讲其优点是功耗低、三阶交调失真小。然而单端 LNA 也存在很多问题,其中最主要的问题是其输入阻抗受源极寄生电感的影响非常严重。为了消除该效应,可以改用差分 LNA 结构,其电路示意图如图 6-17 所示。两个晶体管的源极仍然串联电感形成电感源极负反馈,两个电感相连形成虚地点。由于差分结构对共模信号具备抑制能力,因此共模噪声可以被有效抑制,如衬底耦合噪声等。但差分放大器存在着明显的缺点,即在同样的晶体管尺寸和偏置电路下,其版图面积和功耗均是单端 LNA 的 2 倍。因此选择单端还是差分结构,需要根据实际应用情况确定,需要折中考虑成本、面积、功耗、噪声等因素。

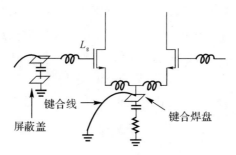

图 6-17　差分放大器的电路结构

6.4　Ku 波段 InAs/AlSb HEMTs LNA 设计

6.4.1　LNA 设计指标

本次 LNA 设计应用了参考文献[98]中的 InAs/AlSb HEMTs,静态工作点选取为 $V_{ds}=0.2$ V, $V_{gs}=-0.85$ V。在该偏置点下器件的小信号等效噪声模型在 5.2.3 节中已经被提取,本章在 LNA 电路设计中将对该模型进行应用。

以常规高频 LNA 指标要求为基础,本节 Ku 波段 LNA 的主要设计指标要求如下:

(1)工作频带为 12~18 GHz;

(2)增益(S_{21})最小为 20 dB,且具备良好的增益平坦度;

(3)在工作带宽内 S_{11}、S_{22} 小于 -10 dB;

(4)在波段内 $K>1$,即电路满足无条件稳定。

6.4.2　LNA 电路结构

本次设计的 Ku 波段 InAs/AlSb HEMTs LNA 采用共源共栅级联电感源级负反馈结构(cascode 结构),但由于单级电路无法提供足够增益,因此选取两级结构进行改进,其中第一级 cascode 结构为了实现较小的噪声系数,第二级 cascode 则为了提供较大的增益,其具体 ADS 仿真电路如图 6-18 所示。C_1 是输入隔直电容,可以阻止直流信号进入晶体管造成损伤,其在射频信号输入时相当于短路,一般取值为 10 pF,L_2 和 L_1 分别为第一级 cascode 共源级 HEMTs 晶体管 T_1 源极负反馈电感和栅极电感,C_1、L_1、C_2、L_2 共同组成该 LNA 的输入匹配网络。C_3、L_4、C_4 组成两级 cascode 结构的级间匹配网络。C_5 为 LNA 输出端至下一级的寄生电容,L_6 为第二级 cascode 共栅级 HEMT 晶体管 T_4 的漏极电感,其与 T_4 管的漏极寄生电容发生谐振,L_6 和 C_5 组成了 LNA 的输出匹配网络。

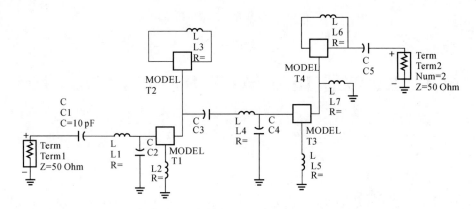

图 6 - 18   InAs/AlSb HEMTs LNA 设计原理图

在仿真过程中,图 6 - 18 中的 T_1,T_2,T_3,T_4 HEMT 晶体管均由 5.2 节中已经提取的小信号噪声模型生成,点击 ADS 界面上的"push into hierarchy"即可显示出该小信号噪声模型的电路图,如图 6 - 19 所示。

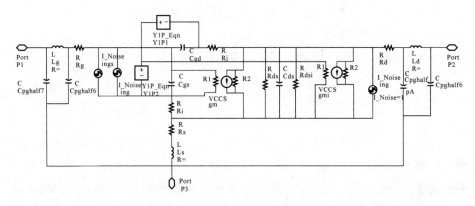

图 6 - 19 $T_1 \sim T_4$ HEMT 晶体管利用"push into hierarchy"功能后所链接的
InAs/AlSb HEMTs 小信号噪声模型电路图

6.4.3　LNA 匹配电路设计

匹配网络的选取和设计对 LNA 设计至关重要。6.2.2 节所描述的匹配理论只适用于单点频率，而实际上宽带 LNA 在实际应用中占据主导地位，因此本节中所设计的 LNA 并非只工作在某一频点，而是具备一个较宽工作频带。因此，需要在单点匹配理论的基础上，依靠 CAD 软件在宽频内通过数值优化方法进行宽频带内的匹配电路设计，使得工作频带内各频点的性能得到均衡和优化。

本节通过 ADS2009A 软件对 Ku 波段 InAs/AlSb LNA 电路进行仿真，利用 ADS 软件中的 goal 插件设置优化值和优化目标对匹配电路进行优化设计[113,115]。选取噪声系数 NF，增益（S_{21}）以及输入输出驻波比 S_{11} 和 S_{22} 为关键目标参数进行优化。首先选取的数值优化方法为 radom 随机法，通过该方法计算出各元件的初始值，之后切换至 Gradient 梯度法对目标值进行进一步逼近，其具体操作步骤如图 6-20 所示。优化后的各元件值如表 6-3 所示。

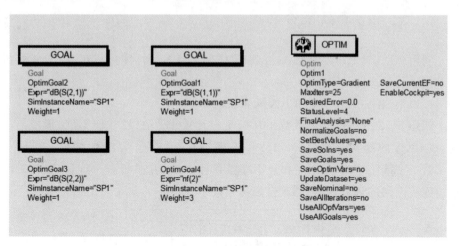

图 6-20　ADS 优化步骤示意图

表 6-3　Ku 波段 InAs/AlSb HEMTs LNA 中各元件取值

元件名称	单位	元件数值
L_1	pH	792.6
L_2	pH	130.0
L_3	nH	3.5

续表

元件名称	单位	元件数值
L_4	pH	613.7
L_5	pH	16.9
L_6	nH	1.1
L_7	pH	617.0
C_1	pF	10
C_2	fF	24.9
C_3	pF	20
C_4	pF	1.1
C_5	pF	6.7

6.4.4　仿真结果分析

利用 ADS 对 Ku 波段 InAs/AlSb HEMTs LNA 性能进行仿真,下面对仿真结果进行分析。

1. InAs/AlSb HEMTs LNA 噪声系数

如图 6-21 所示,噪声系数指标满足设计要求。在 12~18 GHz 频带范围内,该 LNA 的噪声系数 NF(nf_2) 几乎维持在 1.1~1.2 dB 之间。在 16~18 GHz 的高频段范围内,nf_2 和最小噪声系数 NF_{min} 几乎重合,说明在该频段内通过匹配网络的调节,噪声基本已经达到最小。

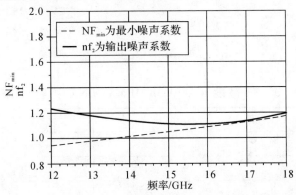

图 6-21　Ku 波段 InAs/AlSb HEMTs LNA 噪声系数仿真结果

以 15.4 GHz 为例,LNA 内部各元件贡献噪声电压的大小采样值如表 6-4 所示,发现各晶体管对噪声贡献的顺序基本上是 $T_1 > T_3 > T_4 > T_2$,可见第一级 cascode 的共源级晶体管 T_1 作为整个 LNA 的第一个输入贡献了最多的噪声电压,这与级联噪声网络噪声特性保持一致;而对于第二级 cascode 结构,共源级 HEMT T_3 对噪声的贡献大于共栅级 HEMT T_4;而第一级 cascode 结构中的共栅级 HEMT T_2 管贡献了最小的噪声。(总的噪声电压并非每一项噪声电压的简单叠加,而是各项噪声电压的均方和再开方。)

表 6-4　Ku 波段 InAs/AlSb HEMTs LNA 15.4GHz 频率下各元件噪声贡献采样值列表

index	port2.NC.name	port2.NC.vnc
freq=15.40 GHz		
0	total	2.444 nV
1	T1.Ri2	1.440 nV
2	T3.Ri2	852.9 pV
3	T1.Rj2	847.8 pV
4	T1.Rds2	685.9 pV
5	T1.Rgd2	627.5 pV
6	T1.Rs2	590.7 pV
7	T1.Rgs2	570.5 pV
8	T1.Rd2	479.9 pV
9	T1.Rg2	446.8 pV
10	T3.Rs2	363.1 pV
11	T3.Rds2	355.8 pV
12	T3.Rg2	233.1 pV
13	T3.Rj2	225.2 pV
14	T3.Rgd2	166.7 pV
15	T3.Rgs2	151.6 pV
16	T4.Ri2	147.9 pV
17	T3.Rd2	142.2 pV
18	T4.Rj2	97.43 pV
19	T4.Rgd2	72.11 pV
20	T4.Rgs2	65.39 pV
21	T4.Rg2	56.83 pV
22	T4.Rs2	55.06 pV
23	T4.Rd2	39.92 pV
24	T4.Rds2	12.66 pV
25	T2.Rj2	0.01804E-21V
26	T2.Rds2	0.01501E-21V
27	T2.Rgd2	0.01280E-21V
28	T2.Rgs2	0.01161E-21V
29	T2.Ri2	0.01078E-21V
30	T2.Rd2	9.816E-24V
31	T2.Rs2	5.775E-24V
32	T2.Rg2	0.0000 V

2. InAs/AlSb HEMTs LNA 增益

如图 6-22 所示,在 12~18 GHz 频带范围内,该 LNA 的增益 S_{21} 约为 20 dB,且增益平坦度指标良好,控制在 ±0.4 dB 范围之内。仿真结果表明该 LNA 具备非常好的增益性能,满足增益指标要求。

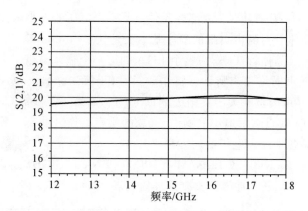

图 6-22　Ku 波段 InAs/AlSb HEMTs LNA 增益仿真结果

　　图 6-23 为增益圆和噪声圆的对比图。图中粗线圆为不同频率下的等噪声圆，这里选取了 1 GHz 为步进进行扫描。最外侧由小圆圈组成的大圆为等增益圆。可见等噪声圆始终在增益圆内部，说明该 LNA 匹配电路设计合理，可以满足最小噪声和最大增益的共同要求。

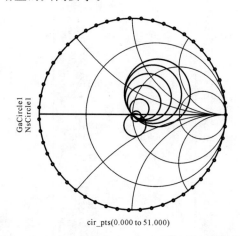

cir_pts(0.000 to 51.000)

图 6-23　InAs/AlSb HEMTs LNA 噪声圆与增益圆仿真

　　3. 反射系数（驻波比）

　　S_{11} 的模拟结果如图 6-24 所示。其中，图 6-24(a) 为 S_{11} 的 Smith 圆图形式模拟结果，在 12～18 GHz 内基本围绕在 Smith 圆的圆心周围；图 6-24(b) 为 S_{11} 的仿真曲线，几乎在全频范围内低于 -10 dB（其中在 16 GHz 处 S_{11} 低于 -18 dB，但在高频点上 S_{11} 表现稍差，在 -9.2 dB 左右）。因此，总体来讲该输入匹配基本满足设计要求。

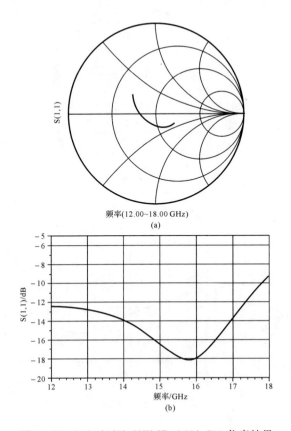

频率(12.00~18.00 GHz)

(a)

(b)

图 6 - 24　InAs/AlSb HEMTs LNA S11 仿真结果

S_{22} 的模拟结果如图 6 - 25 所示。其中图 6 - 25(a)为 S_{22} 的 Smith 圆图形式模拟结果，在 12~18 GHz 内基本围绕在 Smith 圆的圆心周围；图 6 - 25(b)为 S_{22} 的仿真 dB 曲线，几乎在全频范围内低于 -10 dB（其中在 16.2 GHz 处 S_{22} 达到 -15 dB，但在高频点上则表现稍差，在 -9.2 dB 左右）。因此，总体来讲该输出匹配基本满足设计要求。

4. 稳定性分析

LNA 的稳定性仿真结果如图 6 - 26(a)所示。在 12~18 GHz 频带范围内，稳定性系数 $K>1$，满足绝对稳定条件，表明在该频段内无论外加信号源如何响应均不会产生自激震荡。另外，稳定性系数也可以用 Muprime 和 Mu_1 曲线来衡量，当 Mu_1 完全在 Muprime 之下时表示完全稳定，如图 6 - 26(b)所示。因此该 LNA 满足稳定性指标要求。

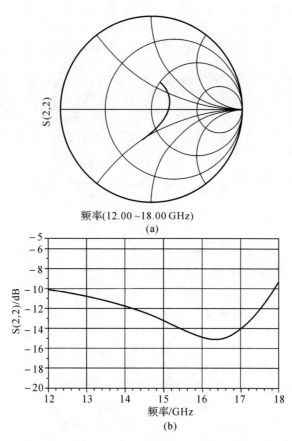

频率(12.00～18.00 GHz)

(a)

(b)

图 6-25　InAs/AlSb HEMTs LNA S_{22} 仿真结果

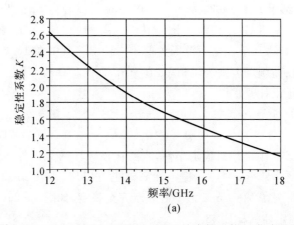

(a)

图 6-26　InAs/AlSb HEMTs LNA 稳定性系数 K 仿真结果

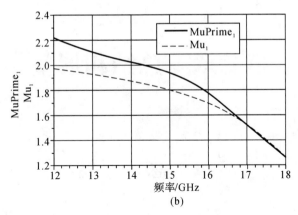

(b)

续图 6 - 26　InAs/AlSb HEMTs LNA 稳定性系数 K 仿真结果

　　总而言之,本节所设计的 LNA 基本满足关键指标要求,将仿真结果汇总于表 6 - 5 中。

表 6 - 5　InAs/AlSb HEMTs Ku 波段 LNA 各指标列表

参数	数值
频率范围	12～18 GHz
nf_2	1.1～1.2 dB
S(1,1)	<-10 dB
S(2,2)	<-10 dB
增益[S(2,1)]	20dB
增益平坦度	<0.4 dBc
稳定性系数 K	>1

第七章　总结和展望

7.1　总　　结

相比于传统的 GaAs 和 InP HEMTs 而言,InAs/AlSb HEMTs 由于其沟道载流子的高电子迁移率和高电子速率,在超高速、低功耗、低噪声和超高频电路中具备明显的性能优势,其在微波领域,空间通信、雷达阵列以及便携式装置、太空通信系统以及天文学射电系统等需要低功耗、低噪声应用的领域具备显著的竞争优势。特别地,InAs/AlSb HEMTs 被视为深空探测 LNA 的下一代核心器件。

本书针对 InAs/AlSb HEMTs 射频器件开展了全面的研究工作,在器件特性研究基础上,探讨了制备工艺、仿真模型、射频电路设计等方面。获得主要成果如下:

1. InAs/AlSb HEMTs 的异质结的外延材料的制备和设计优化

本书就较为常见的突变反型异质结为例分析其能带图构造、二维电子气的产生和常见的散射机制等,并对 InAs 与 AlSb 形成异质结的实际情况进行了分析。InAs/AlSb HEMT 具有层次分明的层状结构,在实际的工艺加工中,往往采用分子束外延生长技术 MBE 来完成,该工艺技术可以实现每一层结构厚度与组成的精确掌控。本书外延材料设计以国际报道主流器件结构和中科院半导体所的工艺条件为基础,设置 4 组对照,制备 4 种具有不同厚度 InAs 和 AlSb 层的 InAs/AlSb 外延片,总结出两种 InAs/AlSb 外延材料设计的优化方案。第一个是掺杂方式的优化,我们选择在 AlSb/InAs 异质结上再淀积一层 InAs,然后在 InAs 插入层中掺入浓度为 10^{19} cm^{-3} 的 Si,形成 n 型半导体;第二个是为了提高欧姆接触的质量,本次实验提高了 InAs 帽层的掺杂水平。帽层 InAs 材料选择 Si 掺杂,掺杂浓度为 2×10^{19} cm^{-3}。

2. InAs/AlSb HEMTs 的制备工艺研究以及性能测试

完成肖特基栅 InAs/AlSb HEMTs 制备,对台面隔离、源漏欧姆接触、栅槽刻蚀、肖特基栅接触等关键工艺进行了具体的分析。其中台面腐蚀选用了湿法腐蚀,腐蚀液选用 H$_3$PO$_4$ 与 H$_2$O$_2$,腐蚀速率为 60 nm/min,腐蚀时间为 120 s,

腐蚀深度约为 120 nm；源漏金属选用 Ni/Au/Ni/Au(10 nm/100 nm/50 nm/100 nm)，欧姆接触通过合金法实现，具体分为曝光、显影、淀积金属、剥离 4 个步骤，之后在氮气的环境下进行 300℃退火，退火时间 30 s，计算得传输电阻为 0.25 Ωmm，比接触电阻 ρ_c 为 3.15×10^{-6} Ωcm²，基本满足工艺要求；栅工艺主要包括栅槽刻蚀和栅金属淀积两个步骤，其中栅槽刻蚀选用湿法刻蚀，腐蚀液选用柠檬酸＋过氧化氢来去除 InAs，栅槽腐蚀完成之后，利用栅版将栅图形进行光刻，之后通过电子束蒸发淀积 Ti/Au(70 nm/100 nm)，最后对栅金属进行剥离。测试结果表明该器件具备初步的直流特性。

3. InAs/AlSb MOS - HEMTs 实验基础及理论研究

为了降低栅极漏电流特性对器件的影响，本书提出用 high - k MOS 电容结构隔离栅来取代传统肖特基栅的改进方法。对已制备的 HfO₂/InAlAs MOS 电容测试结果进行分析，XPS 测试结果表明，随着氧化层厚度的增加，HfO₂ 氧化层表面和 HfO₂ - InAlAs 界面处非理想物质含量均降低；$C - V$ 测试结果表明器件等效氧化层厚度 EOT 和氧化层等效介电常数 ε_{ox} 随着氧化层厚度的增加而增加，当氧化层厚度大于 6 nm 时，阈值电压也将随着氧化层厚度的增加而增加，使得栅控能力有所恶化，另外 HfO₂ - InAlAs 界面态密度 D_{it} 随着氧化层厚度的增加得到了明显的改善，当氧化层厚度上升到 10 nm 时，其值低于 $10^{13}/\text{eV cm}^2$；$J - V$ 测试结果表明 HfO₂/InAlAs MOS 电容的漏电特性随着氧化层厚度的增加而得到改善，当氧化层厚度增大到 10 nm 时，漏电流密度在 0～2 V 的偏置电压下可以控制在 10^{-7}～10^{-5} A/cm² 范围内，这相比传统金属－半导体肖特基结构有了非常大的提升。对 10 nm 的 MOS 电容的漏电机制进行分析，发现在偏置电压很低的情况下欧姆漏电为主要漏电机制，在很高偏置条件下 F - N 隧穿为主要漏电机制，而在绝大多数工作电压范围内则以肖特基发射为主。将 HfO₂/n - InAlAs MOS 电容用作 InAs/AlSb MOS - HEMTs 的隔离栅，并对该种 InAs/AlSb MOS - HEMTs 进行了 ISE 仿真，仿真涵盖了器件的输出特性、转移特性、跨导以及频率参数等，结果表明相对于 InAs/AlSb HEMTs 而言，InAs/AlSb MOS - HEMT 的栅控能力稍显降低，但在直流和 RF 性能上差别不大。这为后续 InAs/AlSb MOS - HEMT 的制备和应用提供了理论依据。

4. 碰撞离化抑制方法研究

InAs/AlSb HEMTs 器件沟道的禁带宽度很窄，使得碰撞离化效应显著，同时产生很大的栅极漏电流，增加器件功耗。此外，碰撞离化效应与频率表现为强相关，对于 InAs/AlSb HEMTs 器件而言，碰撞离化效应在 10 GHz 以下表现得非常明显，随着频率的继续增加，其对器件性能的影响逐步减弱。本书对器件的碰撞离化效应抑制方法进行了详细分析,提出了器件因碰撞离化现象退化的产生机理、一种可以精准表征碰撞离化效应的模型。

5. InAs/AlSb HEMTs 小信号模型研究

本书在传统 HEMTs 小信号模型的基础上,提出了三种适用于 InAs/AlSb HEMTs 的改进小信号等效电路模型,分别能够对 InAs/AlSb HEMTs 特有的碰撞离化效应和栅极漏电特性对 RF 性能的影响进行准确表征。根据 HEMTs 二端口噪声理论对 InAs/AlSb HEMTs 的小信号噪声模型进行建模,i_{ng} 和 i_{nd} 分别表示栅极热噪声和漏极热噪声,$i_{ng,s}$ 表征的是栅极附加的散粒噪声源的影响。本书引用了参考文献[98]中 Jan Grahn 教授和他的团队制作的栅长为 225 nm、栅宽为 $2 \times 50\ \mu m$ 的 InAs/AlSb HEMTs 来验证本文中改进模型的准确性,结果发现改进模型对器件的 S 参数、Y 参数、稳定性系数 K、电流增益 $|h_{21}|$ 和 Mason's 单边增益 U、截止频率 f_T 和最大频率 f_{max}、噪声系数 NF 等 RF 性能均能实现较好的拟合,为后续 InAs/AlSb HEMTs LNA 电路设计提供了模型基础。

6. InAs/AlSb HEMTs LNA 设计方法学研究

将已提取的 InAs/AlSb HEMTs 带入 ADS 软件完成 Ku 波段 LNA 设计,并对设计方法进行了详细的研究。该 LNA 采用了两级共源共栅级联电感源级负反馈级联结构,其中第一级实现了较小的噪声系数,第二级则提供较大的增益。通过 ADS 软件仿真发现本书中设计的 Ku 波段 InAs/AlSb HEMTs LNA 具备良好的性能指标,在 12～18 GHz 频段内,其增益约 20 dB,增益平坦度则小于 ± 0.4 dBc,噪声系数小于 1.2 dB,S_{11} 和 S_{22} 小于 -10 dB,且电路满足无条件稳定。

综上所述,本书通过研究 InAs/AlSb 器件碰撞离化效应的产生机理、器件模型和抑制原理,探索高性能器件优化设计和制造方法。相关成果为 InAs/AlSb HEMTs 器件的特性提升提供了新方法并验证了其可行性,为研发自主可控的下一代深空探测 LNA 芯片提供了技术支撑和新思路。

7.2 展　　望

在本书的研究基础上,笔者认为后续的研究工作可以围绕以下几个方面进行:

(1)本书所制备的 InAs/AlSb HEMTs 虽具备基本的直流性能,然而由于该研究刚刚起步,工艺条件尚不成熟,设计经验并不充分,导致所制备的 InAs/

AlSb HEMTs 器件的直流特性相对比国外的报道还有一定差距,且射频性能并不明显。因此需要进一步优化器件结构并摸索相关的制备工艺,开展 InAs/AlSb HEMTs 优化制备。

(2)本书中 InAs/AlSb HEMTs LNA 的设计是根据国际上已经制备出的先进 InAs/AlSb HEMTs 开展的,由于缺乏实际样片,目前设计仅停留在初步的设计方法研究和仿真阶段,没有对 LNA 进行流片。因此需要在后续制备出良好性能的 InAs/AlSb HEMTs 基础上,按照此种 LNA 设计方法优化设计方案,并完成芯片流片。

(3)对于 InAs/AlSb MOS-HEMTs 而言,由于工艺的限制,目前只完成了其栅极 MOS 电容的制备研究,没有进行整体的 InAs/AlSb MOS-HEMTs 流片。希望在后续对 MOS-HEMTs 工艺继续摸索的基础上完成 InAs/AlSb MOS-HEMTs 的制备。

参 考 文 献

[1] LEE T H. CMOS 射频集成电路设计[M]. 北京:电子工业出版社,2004.

[2] HALTE S. ESA deep space cryogenic LNAs past, present and future [C]//2012 International Symposium on Signals, Systems, and Electronics (ISSSE). Potsdam, Germany:IEEE, 2012:1-4.

[3] BENNETT B R, MAGNO R, BOOS J B, et al. Antimonide-based compound semiconductors for electronic devices: a review[J]. Solid-State Electronics, 2005, 49(12):1876-1895.

[4] DOBROVOLSKIS Z, GRIGORASr K, KROTKUS A. Measurement of the hot-electron conductivity in semiconductors using ultrafast electric pulses[J]. Applied Physics A Materials Science & Processing, 1989, 48 (3):246-249.

[5] VURGAFTMAN I, MEYER J R, RAM-MOHAN L R. Band parameters for Ⅲ-Ⅴ compound semiconductors and their alloys[J]. Journal of Applied Physics, 2001, 89(11):5816-5875.

[6] MILNES A G, POLYAKOV A Y. Indium arsenide: a semiconductor for high speed and electro-optical devices [J]. Materials Science & Engineering B, 1993, 18(93):237-259.

[7] MILNES A G, POLYAKOV A Y. Gallium antimonide device related properties[J]. Solid-State Electronics, 1993, 36(6):803-818.

[8] HUANG J L, ZHANG Y H, CAO Y L, et al. Antimonide type Ⅱ superlattice infrared photodetectors[J]. Aero Weaponry, 2019, 26(2): 50-56.

[9] 孙姚耀,韩玺,吕粤希,等.基于 InAs/GaSb 二类超晶格的中/长波双色红外探测器[J].航空兵器,2018(2):56-59.

[10] 张舟,汪良衡,杨煜,等. InAs/GaSb 二类超晶格中长波双色红外焦平面器件研究[J].红外技术,2018,40(9):863-867.

[11] 李晓霞. InSb 薄膜的制备及其在光电探测器中的应用[D].重庆:重庆理工大学,2020.

[12] 王健,刘辰,朱泓遐,等. nBn InAsSb/AlAsSb 中波红外探测器的设计

[J]. 红外技术，2019，41(5)：5.

[13] 黄书山，张宇，杨成奥，等. 镀膜对 2.0μm 锑化物激光器性能的提升 [J]. 中国激光，2018，45(9)：4.

[14] CHOU Y C, LEUNG D L, LUO W B, et al. Reliability evaluation of 0.1 μm AlSb/InAs HEMT low noise amplifiers for ultralow - power applications[C]// 2007 ROCS Workshop (Reliability of Compound Semiconductors Digest). Portland, OR, USA：IEEE, 2007：43 - 46.

[15] LIN Y C, YAMAGUCHI H, CHANG E Y, et al. Growth of very - high - mobility AlGaSb/InAs high - electron - mobility transistor structure on Si substrate for high speed electronic applications[J]. Applied Physics Letters, 2007, 90(2)：023509.1 - 023509.3.

[16] MA B Y, HACKER J B, BERGMAN J, et al. Ultra - low - power wideband high gain InAs/AlSb HEMT low - noise amplifiers[C]// 2006 IEEE MTT - S International Microwave Symposium Digest. San Francisco, CA, USA：IEEE, 2006：73 - 76.

[17] GUBANOV A I. Theory of the contact of two semiconductors of the same type of conductivity[J]. Zhurnal Tekhnicheskoi Fiziki, 1951, 21：304.

[18] LIN H K, KADOW C, BAE J U, et al. Design and characteristics of strained InAs/InAlAs composite - channel heterostructure field - effect transistors[J]. Journal of Applied Physics, 2005, 97(2)：024505.1 - 024505.7.

[19] ANDERSON R L. Germanium - gallium arsenide heterojunctions[J]. IBM Journal of Research and Development, 1960, 4(3)：283 - 287.

[20] RODWELL M, LOBISSER E, WISTEY M, et al. THz bipolar transistor circuits：technical feasibility, technology development, integrated circuit results [C]// 2008 Compound Semiconductor Integrated Circuits Symposium. Monterey, CA, USA：IEEE, 2008：1 - 3.

[21] MOSCHETTI G, NILSSON P A, WADEFALK N, et al. DC characteristics of InAs/AlSb HEMTs at cryogenic temperatures[C]// 2009 IEEE International Conference on Indium Phosphide & Related Materials. Newport Beach, CA, USA：IEEE, 2009：323 - 325.

[22] MOSCHETTI G, NILSSON P A, DESPLANQUE L, et al. DC and

RF cryogenic behaviour of InAs/AlSb HEMTs [C]// 2010 22nd International Conference on Indium Phosphide and Related Materials (IPRM). Takamatsu, Japan: IEEE, 2010:1 - 4.

[23] MA B Y, BERGMAN J, HACKER J B, et al. DC - 2 GHz low loss cryogenic InAs/AlSb HEMTs switch [C]// 2009 IEEE MTT - S International Microwave Symposium Digest. Boston, MA, USA: IEEE, 2009:449 - 452.

[24] MOSCHETTI G, WADEFALK N, NILSSON P A, et al. Cryogenic InAs/AlSb HEMTs wideband low - noise IF amplifier for ultra - low - power applications [J]. IEEE Microwave & Wireless Components Letters, 2012, 22(3):144 - 146.

[25] TUTTLE G, KROEMER H. An AlSb/InAs/AlSb quantum well HFT [J]. IEEE Transactions on Electron Devices, 1987, 34(11):2358.

[26] TUTTLE G, KROEMERH, ENGLISH J H. Effects of interface layer sequencing on the transport properties of InAs/AlSb quantum wells: evidence for antisite donors at the InAs/AlSb interface[J]. Journal of Applied Physics, 1990, 67(6):3032 - 3037.

[27] HOPKINS P F, RIMBERG A J, WESTERVELT R M, et al. Quantum Hall effect in InAs/AlSb quantum wells[J]. Applied Physics Letters, 1991, 58(13):1428 - 1430.

[28] WERKING J D, BOLOGNESI C R, CHANG L D, et al. High - transconductance InAs/AlSb heterojunction field - effect transistors with delta - doped AlSb upper barriers [J]. IEEE electron device letters, 1992, 13(3): 164 - 166.

[29] BOLOGNESI C R. InAs channel HFETs: current status and future trends[C]//1998 URSI International Symposium on Signals, Systems, and Electronics. Conference Proceedings (Cat. No. 98EX167). Pisa, Italy: IEEE, 1998: 56 - 61.

[30] LIN W Y, CHEN C H, CHIU H C, et al. High performacne InAs/AlSb HEMT with refractory iridium Schottky gate metal[C]// 2013 International Conference on Indium Phosphide and Related Materials (IPRM). Kobe: IEEE, 2013:1 - 2.

[31] MOSCHETTIG, ABBASI M, NILSSON P A, et al. True planar InAs/AlSb HEMTs with ion - implantation technique for low - power

cryogenic applications[J]. Solid – State Electronics，2013，79：268 – 273.

[32] LEFEBVREE，MOSCHETTI G，MALMKVIST M，et al. Comparison of shallow – mesa InAs/AlSb HEMTs with and without early – protection for long – term stability against Al（Ga）Sb oxidation[J]. Semiconductor Science & Technology，2014，29（3）：399 – 404.

[33] ZHANG J，LÜ H，NI H，et al. Temperature dependence on the electrical and physical performance of InAs/AlSb heterojunction and high electron mobility transistors[J]. Chinese Physics B，2018，27（9）：097201. 1 – 097201. 6

[34] 李志华. InAs/AlSb HEMT 材料生长及物性研究[D]. 北京：中国科学院物理研究所，2006.

[35] 宁旭斌. InAs/AlSb HEMT 器件研究[D]. 西安：西安电子科技大学，2013.

[36] WANG J，WANG GW，XU Y Q，et al，Molecular beam epitaxy growth of high electron mobility InAs/AlSb deep quantum well structure［J］. Journal of Applied Physics，2013，114（1）：13704 – 13704.

[37] WANG J，XING J L，WEI X，et al，Investigation of high hole mobility $In_{0.41}Ga_{0.59}Sb/Al_{0.91}Ga_{0.09}Sb$ quantum well structures grown by molecular beam epitaxy[J]. Applied Physics Letters，2014，104（5）：052111. 1 – 052111. 5.

[38] TSUNEYA A. Self – consistent results for a $GaAs/Al_xGa_{1-x}As$ heterojunction. I. Subband structure and light – scattering spectra[J]. Journal of the Physical Society of Japan，1982，51：3893 – 3899.

[39] 崔强生. InAs/AlSb HEMT 器件特性与工艺研究[D]. 西安：西安电子科技大学，2014.

[40] 关赫. InAs/AlSb HEMTs 器件研究及 LNA 电路设计[D]. 西安：西安电子科技大学，2016.

[41] GUAN H，WANG S，CHEN L，et al. Channel characteristics of InAs/AlSb heterojunction epitaxy：comparative study on epitaxies with different thickness of InAs channel and AlSb upper barrier［J］. Coatings，2019，9（5）：318. 1 – 318. 7.

[42] TERMAN L M. An investigation of surface states at a silicon/silicon oxide interface employing metal – oxide – silicon diodes[J]. Solid State

Electronics，1962，5(5):285 - 299.

[43] ISLERM. Investigation and modeling of impact ionization in HEMTs for DC and RF operating conditions[J]. Solid State Electronics，2002，46(10):1587 - 1593.

[44] BOOS JB, Shanabrook B V. Impact ionisation in high - output - conductance region of 0. 5 mu/m AlSb/InAs HEMTs[J]. Electronics Letters，1993，29(21):1888 - 1890.

[45] BOLOGNESI C R，DVORAK M W，CHOW D H，et al. Impact ionization suppression by quantum confinement: effects on the DC and microwave performance of narrow - gap channel InAs/AlSb HFET's [J]. IEEE Transactions on Electron Devices，1999,46(5): 826 - 832.

[46] ISLER M，SCHUNEMANN K. Impact - ionization effects on the high - frequency behavior of HFETs [J]. IEEE Transactions on Microwave Theory & Techniques，2004，52(3):858 - 863.

[47] SINGH R，SNOWDEN C M. A quasi - two - dimensional HEMT model for DC and microwave simulation[J]. IEEE Transactions on Electron Devices，1998，45(6):1165 - 1169.

[48] 张克从. 晶体生长科学与技术[M]. 北京:科学出版社，1997.

[49] FARROW R F C. Molecular beam epitaxy: applications to key materials[M]. Amsterdam:Elsevier，1995.

[50] 关旭东. 硅集成电路工艺基础[M]. 北京:北京大学出版社，2014.

[51] REEVES G K，LEECH P W，HARRISON H B. Understanding the sheet resistance parameter of alloyed ohmic contacts using a transmission line model[J]. Solid - State Electronics，1995，38(4): 745 -751.

[52] CROFTON J，PORTER L M，WILLIAMS J R. The physics of ohmic contacts to SiC[J]. Physica Status Solidi，1997，202(1):581 - 603.

[53] 刘恩科，朱秉升，罗晋生. 半导体物理学[M]. 7 版. 北京:电子工业出版社，2008.

[54] 虞丽生. 半导体异质结物理[M]. 2 版. 北京:科学出版社，2006.

[55] 施敏. 半导体器件物理[M]. 3 版. 西安:西安交通大学出版社，2008.

[56] 迪特克. 半导体材料与器件表征技术[M]. 大连:大连理工大学出版社，2008.

[57] BRENNAN B. Chemical and electrical characterization of the HfO_2/

InAlAs interface [J]. Journal of Applied Physics, 2013, 114 (10):104103.

[58] ZHOU X, LI Q, TANG C W, et al. 30nm enhancement - mode $In_{0.53}Ga_{0.47}$ As MOSFETs on Si substrates grown by MOCVD exhibiting high transconductance and low on - resistance [C]//2012 International Electron Devices Meeting. San Francisco, CA, USA : IEEE, 2012: 32.5.1 - 32.5.4.

[59] GU J J, NEAL A T, YE P D. Effects of (NH_4) 2S passivation on the off - state performance of 3 - dimensional InGaAs metal - oxide - semiconductor field - effect transistors [J]. Applied Physics Letters, 2011, 99(15): 152113.1 - 152113.3.

[60] BENBAKHTI B, AYUBI - MOAK J S, KALNA K, et al. Impact of interface state trap density on the performance characteristics of different Ⅲ - Ⅴ MOSFET architectures [J]. Microelectron Reliab, 2010, 50:360 - 364.

[61] HASHIZUME T, OOTOMO S, INAGAKI T, et al. Surface passivation of GaN and GaN/AlGaN heterostructures by dielectric films and its application to insulated - gate heterostructure transistors [J]. Journal of Vacuum Science Technology B Microelectronics & Nanometer Structures, 2003, 21(4):1828 - 1838.

[62] HASHIZUME T, ANANTATHANASARN S, NEGORO N, et al. Al_2O_3 insulated - gate structure for AlGaN/GaN heterostructure field effect transistors having thin AlGaN barrier layers [J]. Japanese Journal of Applied Physics, 2004, 43(6B):777 - 779.

[63] BOLOGNESI C R, SELA I, IBBETSON J, et al. On the interface structure in InAs/AlSb quantum wells grown by molecular - beam epitaxy [J]. Journal of Vacuum Science & Technology B: Microelectronics and Nanometer Structures Processing, Measurement, and Phenomena, 1993, 11(3): 868 - 871.

[64] GUERRA D, AKIS R, MARINO F A, et al. Aspect ratio impact on RF and DC performance of state - of - the - art short - channel GaN and InGaAs HEMTs [J]. IEEE Electron Device Letters, 2010, 31(11): 1217 - 1219.

[65] LEE W C, HU C. Modeling CMOS tunneling currents through

ultrathin gate oxide due to conduction – and valence – band electron and hole tunneling[J]. IEEE Transactions on Electron Devices，2001，48 (7)：1366 – 1373.

[66] 罗杏,吕红亮,张玉明,等. InAs/AlSb HEMT 器件栅槽腐蚀实验研究 [C]// 全国半导体集成电路,硅材料学术会议. 西安:中国电子学会半导体与集成技术分会,中国电子学会电子材料学分会,2014：269 – 273.

[67] LIU C，ZHANG Y M，ZHANG Y M，et al. Interfacial characteristics of Al/Al2O3/ZnO/n – GaAs MOS capacitor[J]. Chinese Physics B，2013，22(7)：406 – 409.

[68] KURYSHEV G L. Temperature resolution of multielement hybrid InAs MIS IR FPA and thermograph on their basis[C]//2010 11th International Conference and Seminar on Micro/Nanotechnologies and Electron Devices. Novosibirsk，Russia：IEEE，2010：386 – 389.

[69] HAI – DANG T，YUEH – CHIN L，HUAN – CHUNG W，et al. Effect of postdeposition annealing temperatures on electrical characteristics of molecular – beam – deposited HfO_2 on n – InAs/ InGaAs metal – oxide – semiconductor capacitors[J]. Applied Physics Express，2012，5(2)：266 – 276.

[70] GUAN H，LÜ H L，GUO H，et al. Interfacial and electrical characteristics of a HfO2/n – InAlAs MOS – capacitor with different dielectric thicknesses[J]. Chinese Physics B，2015，24(12)：460 – 464.

[71] MORALES J，ESPINOS J P，CABALLERO A，et al. XPS study of interface and ligand effects in supported Cu_2O and CuO nanometric particles[J]. Journal of Physical Chemistry B，2005，109 (16)：7758 –7766.

[72] PAPARAZZO E. XPS analysis of oxides[J]. Surface and Interface Analysis，1988，12(2)：115 – 118.

[73] BURKSTRAND J M. Copper polyvinyl alcohol interface：a study with XPS[J]. Journal of Vacuum Science Technology，1979，16 (2)：363 –366.

[74] ALTUNTAS H，OZGITAKGUN C，DONMEZ I，et al. Current transport mechanisms in plasma – enhanced atomic layer deposited AlN thin films[J]. Journal of Applied Physics，2015，117(15)：155101. 1 – 155101. 6.

[75] CHEONG K Y, MOON J H, KIM H J, et al. Analysis of current conduction mechanisms in atomic – layer – deposited Al_2O_3 gate on 4H silicon carbide[J]. Applied Physics Letters, 2007, 90(90):162113. 1 – 162113. 3.

[76] QUAH H J, CHEONG K Y. Current conduction mechanisms of RF – magnetron sputtered Y_2O_3 gate oxide on gallium nitride[J]. Current Applied Physics, 2013, 13(7):1433 – 1439.

[77] CHIU F C. Electrical characterization and current transportation in metal/Dy_2O_3/Si structure[J]. Journal of Applied Physics, 2007, 102 (4):044116. 1 – 044116. 6.

[78] PUGH D I. Metal – semiconductor contacts[J]. Solid – State and Electron Devices, 1982, 129(1):139 – 151.

[79] GUAN H, GUO H. An optimized fitting function with least square approximation in InAs/AlSb HFET small – signal model for characterizing the frequency dependency of impact ionization effect[J]. Chinese Physics B, 2017, 26(5):421 – 424.

[80] JINC, LU H, ZHANG Y, et al. Transport mechanisms of leakage current in Al_2O_3/InAlAs MOS capacitors[J]. Solid State Electronics, 2016, 123(9):106 – 110.

[81] CHANG – LIAO K S, LU C Y, CHENG C L, et al. Process techniques and electrical characterization for high – k (HfO/sub x/N/sub y/) gate dielectric in MOS devices [C]// Proceedings 7th International Conference on Solid – State and Integrated Circuits Technology. Beijing, China: IEEE, 2004, 1: 372 – 377.

[82] WU L F, ZHANG Y M, LU H L, et al. Interfacial and electrical characterization of HfO_2/Al_2O_3/InAlAs structures [J]. Japanese Journal of Applied Physics, 2015, 54(11):110303. 1 – 110303. 4.

[83] CHEONG K Y, MOON J H, KIM H J, et al. Current conduction mechanisms in atomic – layer – deposited HfO_2/nitrided SiO_2 stacked gate on 4H silicon carbide[J]. Journal of Applied Physics, 2008, 103 (8):785 – 812.

[84] QUAH H J, CHEONG K Y. Current conduction mechanisms of RF – magnetron sputtered Y_2O_3 gate oxide on gallium nitride[J]. Current Applied Physics, 2013, 13(7):1433 – 1439.

[85] WANG W, SUN Y, YUAN D, et al. Thermionic and Frenkel – Poole emission effects in orthorhombic HoMnO$_3$/Nb – doped SrTiO$_3$ epitaxial heterojunctions. [J]. Journal of Applied Physics, 2011, 109 (7): 073723. 1 – 073723. 5.

[86] WANG T, WEI J, DOWNER M C, et al. Optical properties of La – incorporated HfO$_2$ upon crystallization[J]. Applied Physics Letters, 2011, 98(12): 122904. 1 – 12904. 3.

[87] KOBAYASHI M, CHEN P T, SUN Y, et al. Synchrotron radiation photoemission spectroscopic study of band offsets and interface self – cleaning by atomic layer deposited HfO$_2$ on In$_{0.53}$ Ga$_{0.47}$ As and In$_{0.52}$Al$_{0.48}$As[J]. Applied Physics Letters, 2008, 93(18): 182103. 1 – 182103. 3.

[88] BERNEDE J C, HOUARI S, NGUYEN D, et al. XPS study of the band alignment at ITO/oxide (n – type MoO$_3$ or p – type NiO) interface [J]. Physica Status Solidi (a), 2012, 209(7): 1291 – 1297.

[89] LIN Y C, HAI D T, CHUANG T W, et al. Electrical characterization and materials stability analysis of composite oxides on n – MOS capacitors with different annealing temperatures[J]. IEEE Electron Device Letters, 2013, 34(10): 1229 – 1231.

[90] BRAR B, KROEMER H. Influence of impact ionization on the drain conductance in InAs – AlSb quantum well heterostructure field – effect transistors[J]. IEEE Electron Device Letters, 1996, 16(12): 548 – 550.

[91] BOOS J B, YANG M J, BENNETT B R, et al. 0. 1 mm AlSb/InAs HEMTs With InAs subchannel[J]. Electronics Letters, 1998, 34(15): 1525 – 1526.

[92] YANG M J, BENNETT B R, FATEMI M, et al. Photoluminescence of InAs$_{1-x}$Sb$_x$/AlSb single quantum wells: transition from type – II to type – I band alignment[J]. Journal of Applied Physics, 2000, 87 (11): 8192 – 8194.

[93] DAMBRINE G, CAPPY A, HELIODORE F, et al. A new method for determining the FET small – signal equivalent circuit [J]. IEEE Transactions on microwave theory and techniques, 1988, 36(7): 1151 – 1159.

[94] 刘桂云. 砷化镓射频功率 MESFET 大信号模型研究[D]. 西安: 西安电

子科技大学,2005.

[95] ALT A R, MARTI D,BOLOGNESI C R. Transistor modeling: robust small – signal equivalent circuit extraction in various HEMT technologies[J]. IEEE Microwave Magazine, 2013, 14(14):83 – 101.

[96] RORSMAN N, GARCIA M, KARLSSON C, et al. Accurate small – signal modeling of HFET's for millimeter – wave applications[J]. IEEE Transactions on Microwave Theory & Techniques, 1996, 44(3): 432 –437.

[97] DENG W K, CHU T H. Element extraction of GaAs dual – gate MESFET small – signal equivalent circuit[J]. IEEE Transactions on Microwave Theory Techniques, 1998, 46(12):2383 – 2390.

[98] MALMKVIST M, LEFEBVRE E, BORG M, et al. Electrical characterization and small – signal modeling of InAs/AlSb HEMTs for low – noise and high – frequency applications[J]. IEEE Transactions on Microwave Theory and Techniques, 2008, 56:2685 – 2691.

[99] REUTERR, AGETHEN M, AUER U, et al. Investigation and modeling of impact ionization with regard to the RF and noise behavior of HFET[J]. IEEE Transactions on Microwave Theory & Techniques, 1997, 45(6):977 – 983.

[100] JARNDAL A, KOMPA G. A new small – signal modeling approach applied to GaN devices[J]. IEEE Transactions on Microwave Theory & Techniques, 2005, 53(11):3440 – 3448.

[101] LIN Y J, HSU SS H, JIN J D, et al. A 3. 1 – 10. 6 GHz ultra – wideband CMOS low noise amplifier with current – reused technique [J]. Microwave & Wireless Components Letters IEEE, 2007, 17(3): 232 – 234.

[102] SANDULEANU M A T, ZHANG G, LONG J R. 31 – 34GHz low noise amplifier with on – chip microstrip lines and inter – stage matching in 90 – nm baseline CMOS[C]//IEEE Radio Frequency Integrated Circuits (RFIC) Symposium, 2006. San Francisco, CA, USA : IEEE, 2006:4.

[103] PONTON D, PALESTRI P, ESSENI D, et al. Design of ultra – wideband low – noise amplifiers in 46 – nm CMOS technology: comparison between planar bulk and SOI finFET devices[J]. Circuits

& Systems I Regular Papers IEEE Transactions on，2009，56（5）：920 - 932.

[104] KIHARA T，PARK H J，TAKOBE I，et al. A 0. 5 V area - efficient transformer folded - cascode CMOS low - noise amplifier[J]. Ieice Transactions on Electronics，2009，E92. C(4)：564 - 575.

[105] 池保勇. CMOS 射频集成电路分析与设计[M]. 北京：清华大学出版社，2006.

[106] 艾伦. CMOS 模拟集成电路设计：英文版[M]. 2 版. 北京：电子工业出版社，2007.

[107] 贺瑞霞. 微波技术基础[M]. 北京：人民邮电出版社，1988.

[108] 关赫. 适用于无线局域网的 CMOS 低噪声放大器设计[D]. 西安：西安电子科技大学，2009.

[109] LEE T H. The design of CMOS radio - frequency integrated circuits [M]. Cambridge，UK：Cambridge University Press，2003.

[110] LO I，YO D A，CHEUNG K，et al. A wide - band 0. 5/spl mu/m CMOS low - noise amplifier ［C］//IEEE/ACES International Conference on Wireless Communications and Applied Computational Electromagnetics. Honolulu，HI，USA：IEEE，2005：771 - 774.

[111] GUAN H，LÜ H，GUO H，et al. Small - signal modeling with direct parameter extraction for impact ionization effect in high - electron - mobility transistors[J]. Journal of Applied Physics，2015，118(19)：195702. 1 - 195702. 6.

[112] GUAN H，LÜ H，ZHANG Y，et al. Improved modeling on the RF behavior of InAs/AlSb HEMTs[J]. Solid - State Electronics，2015，114：155 - 162.

[113] 黄玉兰. ADS 射频电路设计基础与典型应用[M]. 北京：人民邮电出版社，2010.

[114] 何苏勤，白天石. 射频电路的 ADS 设计仿真与分析[J]. 微电子学，2011，41(4)：479 - 483.

[115] 陈创业. 基于 ADS 仿真的 C 波段低噪声放大器设计[D]. 天津：南开大学，2012.